职场生存"羊皮卷"·为人处世"枕边书"

大公司做人
小公司做事

DA GONGSI ZUOREN XIAO GONGSI ZUOSHI

贺兴兴 著

中国华侨出版社

图书在版编目（CIP）数据

大公司做人 小公司做事 / 贺兴兴著. — 北京：中国华侨出版社，2010.9
ISBN 978-7-5113-0629-6

I．①大… II．①贺… III．①成功心理学 — 通俗读物 IV．①B848.4-49

中国版本图书馆CIP数据核字（2010）第164989号

● **大公司做人 小公司做事**

著　　者 / 贺兴兴

责任编辑 / 梁　谋

经　　销 / 新华书店

开　　本 / 787×1092毫米　　16开　　　印张 / 18　　字数 / 280千

印　　刷 / 北京毅峰迅捷印刷有限公司

版　　次 / 2010年12月第1版　　　2010年12月第1次印刷

书　　号 / ISBN 978-7-5113-0629-6

定　　价 / 32.00元

中国华侨出版社　　　北京市朝阳区静安里26号　　　　邮　编：100028

法律顾问：陈鹰律师事务所

编辑部：（010）64443056　　传真：（010）64439708

发行部：（010）64443051

网　　址：www.oveaschin.com

E-mail：oveaschin@sina.com

前言｜PREFACE

　　大多数人一生中都有过职场工作的经历，但是，很少会有人去想，在大公司或者小公司会有什么样的区别？中国教父级CEO柳传志先生一语道破了成就卓越人生的黄金法则，那就是"大公司做人，小公司做事。"

　　在大公司要想做好事情，首先要学会做人，对大公司而言，各部门之间关系错综复杂，处理好各种人际关系是首要的事情；在小公司首先要学会做事，小公司规模小，人少，大多是老板亲自管理，每一个员工的言行，老板都会看在眼里，记在心上，所以做事就显得更为重要。当然，大公司也需要会做事，小公司也需要会做人，一点也不懂为人处世道理的人，同样也做不好事情。

　　在职场中做人是一门学问，做事是一门艺术。做人做事固然没有一定的法则和标准，但它存在一定的通则，有着一定的技巧与规律。无论你的智商有多高，无论你的背景有多好，如果你不懂得为人处世的方法，那么最终的结局肯定是失败。做人做事需要我们穷尽一生的时间来学。想工作顺利就一定要做人成功，才有可能去谈人生和事业。

　　我们的职场，和达尔文口中的丛林或草原，其实没什么两样，就算再凶猛的野兽或攻击力超强的动物，也难逃生态法则的优胜劣汰。职场里本来就存在着我们看不见的职场天择定律，它才是无形中主宰谁要被灭种，谁又能升官加薪的上帝。职场是一个是非场，有时候甚至刀光剑影，要想在其中生存发展，就必须深刻地解读它的游戏规则，只有读懂游戏规则的人才能在职场中如鱼得水。

本书精心搜集诸多办公室里的做人和做事的秘诀，由浅入深，由表及里，深刻剖析了职场中不为人知的职场秘密，并通过大量的事例教你如何清醒地看透职场中的潜规则，掌握同领导、同事、下属相处的艺术。本书可以帮助你快速地了解职场中的成事之法和做人之道，让你在恰当的时刻可以有效地亮出自己，在关键时刻能够占得先机，能够看清表象后面的真实，听出谎言背后的真相，让你看透职场的本质，在工作中不踩地雷，进退自如，步步高升。

本书通俗易懂，涉及内容广泛，旨在字里行间中引导读者，如何更好地学会做人做事，不断地完善自己，提升自己，最终给自己一个成功的事业，辉煌的人生。相信本书会让读者有开卷有益之感，也希望本书在人生的道路上能助你一臂之力。

目录|CONTENTS

I

第五章 做事要有"心计"

第六章 看破上司的心思

第七章 办公室的心理博弈

III

第八章　避开职场的雷区

第一章

做事先做人

中国有一句老话："方圆做人，智慧做事"，在职场更是如此。做人、做事是一门艺术，更是一门学问。然而，仅仅会做事是不够的，要会做事，先会做人。做人是做事的基础，做事是做人的体现。"小胜靠智，大胜靠德"，我们只有老老实实地做人，才能踏踏实实地做事，唯有这样，才能成事。

信用，决定你的高度

信用是一个人的第二生命。

信用对每个人来说都异常重要。一旦丧失了信用，人们就没有了安全感。若是全社会人都无诚信可言，生活在一片尔虞我诈的虚假社会中，那么这个社会实在是让人毛骨悚然、不寒而栗！

从这个意义上说，能够守信的人弥足珍贵。他会吸引更多的客户更多的朋友与其合作，因为别人在他身上找到了丢失已久的安全感。这个时候，信用就是他的一笔无形资产，让他一辈子都受用不尽。一旦一个人没有了信用，那他也就失去了一切。不讲信用的人，终究会作茧自缚，陷入自布的陷阱。

无数的事实也证明了，讲信用者走遍天下，无信用者寸步难行。

布鲁斯原本只是一名普通的职员，但他就是靠信用树立了自己的声誉，结果成为一家报社的主人。布鲁斯在开始创业时，首先向一家银行贷了1万元。其实这笔钱他并不需要，之所以贷款，就是为了树立自己守信用的形象。他当时根本没有动过这笔钱，还款期一到，便立即将这1万元还给了银行。如此几次周转后，布鲁斯得到了这家银行的信任，借给他的数目也渐渐大了起来。最后一次贷款的数额是20万元，而这一次，布鲁斯是真的需要这笔钱去拓展他的业务。

布鲁斯说他计划出版一份商业方面的报纸，但办报需要一定的经济基础，他估算了一下，起码需要25万元，而他手头上总共才5万元。于是，他去找每次贷款给他的那个职员。当他把计划原原本本地告诉那个职员以后，那个职员愿意贷给布鲁斯25万元。不过，布鲁斯必须跟银行经理当面洽谈。因为前几次布鲁斯还贷非常守信，这位经理当场同意如数贷款给布鲁斯，很快就为他办好了贷款手续。

就这样，布鲁斯用这笔资金走上了成功之道。

有时候，在外人看来最愚笨的方法反而是最聪明的手段。那些总是想尽一切诡计为自己谋私利、欺骗别人的人其最终的下场肯定会很悲惨。他们虽然赚了一时的小利，但世界上毕竟大多数人都不是傻子，他们上了一次当不可能再上第二次。我们所能做的一切也许就是老实地去行动，将诚信作为人生的头条教义，这样才能不断赢得别人的认可和赞赏。这个时候，可以说，你不成功都是很难的事！

所以，我们千万不可丧失信用的底线。要知道，说出的话就是落地的石头，一砸就是一个坑，我们必须对这块"石头"负责。《鹿鼎记》中的韦小宝尚且知道："君子一言既出，那个什么什么马难追。"而我们这些追求成功的人，更要让自己坚守这一条道德的准线。

有时候，你或许会遇到这样一种两难困境：如果必须守信用会使自己蒙受损失；如果不守信用的话一切损失都能避免，但却会造成对诚信原则的破坏。很多人在这种情况都选择以自己的利益为重，毕竟人是自私的，顾好自己眼前的才是最重要的。

这时，你又应该怎么办呢？希望以下这个案例能对你有所启发：

日本麦当劳会社社长藤田接受美国油料公司订制的500万副刀与叉的合同，交货日期订为该年的8月1日。藤田组织了好几家工厂同时生产这批刀叉，然而这些工厂却一再误工，预计7月27日才能完工，但是从东京海运到美国芝加哥路途遥远，这样8月1日肯定交不了货。唯有一个办法，那就是采用空运。但是空运费用昂贵，这会使他损失掉很大一笔利润。

这时，藤田面对的，一边是损失的利润，一边是看不见摸不着的信用。他再三思忖，毅然决定采用空运，将货物及时运抵芝加哥，按时交给了客户。

这使藤田遭受了很大的经济损失，但是他却赢得了美国泊料公司的信任。在以后的几年里，美国油料公司都向日本麦当劳会社订制大量的餐具，藤田也因此得到了丰厚的回报。

由此可见，如果你承诺了，就一定要兑现！哪怕你因此承受难言的痛苦，因为你已经没有了回转的余地，必须要对自己的诺言负责到底。你没有逃脱和狡辩的权利，只有硬着头皮告诉自己挺住！如果你确实无法兑现自己的承诺，那么事前就不应该说出口！所以，在这里顺便提醒大家一句——当你无力完成某件事情时，请牢记千万不要过度承诺，那会让你陷入诚信的危机中，从而自身难保。

要知道，承诺就像一条纽带将人与人之间的关系联结起来。承诺完美的实施能够推动友谊的增进。所以，我们的理想境界是"言必信，行必果"。我们信奉一切善意的承诺，摈弃一切虚伪做作的承诺，因为它带来的不是希望和美好，而是失望和丑陋！

过多的承诺而无行动的配合，只是一张空头支票。

过多的承诺而无因果的联缀，必是一场场虚无的独角戏。

所以，我们热切提倡承诺者"必承诺而勿滥余"。知道适可而止，知道量力而行，知道重信笃义！这样，我们的承诺才会如一颗颗耀眼的明星，照亮人际关系的舞台。如果我们每个人都能够做到诚信，那时你们的人脉关系就会因为承诺而牢不可破、固若金汤！

做人做事黄金箴言

讲信用者走遍天下，无信用者寸步难行。所以，我们千万不可丧失信用的底线，做出过多的承诺而无行动的配合。我们热切提倡承诺者"必承诺而勿滥余"，知道适可而止，知道量力而行，知道忠信笃义！

笑看云卷云舒

在很多人说房地产市场越来越有问题的情况下，冯仑说了这样的话："我觉得实际上还是要学会丧事要当喜事办，要观察到积极的一面。我的一个基本看法是整个房地产市场正在进入一个理性、健康、持续增长的阶段。"冯仑能够坐上万通董事长的位置所凭借的也正是这种乐观的心态。

在一个论坛上，有记者问冯仑怎么样可以造出更好的房子，满足大家的需要？冯仑就讲了一句话："听党的话，按政府的要求办，就可以了。""这不是高调，"冯仑接着说："为什么呢？政府目前规定的所有东西，你只要做到了，企业就没有麻烦。之所以你的企业老有麻烦，是你老不按政府的要求办，就如同孩子与家长的关系，按家长的要求做了，他还能打你屁股么？你老爬墙上树，撬门溜锁，家长老打你，你就觉得家长跟你过不去，可这是你自己的问题。政府讲得都没有错，比如说关注中低收入者的住房，抑制暴利等等。商人要有平常心，勤勤恳恳做事，照章纳税，诚信负责，争取合理的回报，不追求暴利，这些都是对的。我们认真做了，企业就没有毛病，没有毛病就没有麻烦。"

从冯仑的处世言行上看，我们很容易发现他同其他人的区别就是具有乐观主义精神，这也让他的企业与众不同。2007年1月中央电视台10频道还专门以《人物》专访的形式介绍了冯仑与他的企业。特别提到他在美国世贸中心重建中为获得其中的一些项目而费尽周折，处变不惊，同时，他的乐观主义精神也让美国同行佩服。

正因为如此，我们很难听到万通集团有什么负面的消息，万通集团也在高效地运营着。领导的行为、心态会影响到其他人，乐观主义是永远的力量倍增器，可以辐射至整个单位；一个领导者的热情、期望和信心，往往会在其下属身上反映出来。如果领导者是以一种积极的自信的态度来看待这个世界，那么其下属也很有可能受到这种态度的感染。反之，消极悲观会使效率下降，会打击所有人的士气。正如杰克·坎菲尔给青年人的忠告："心态对于青年人来说太重要了——有什么样的心态，就会有什么样的命运。"

你的性格倾向于悲观还是乐观呢？这一问题看似与你的职业道路无关，然而，你对于这一问题的回答将决定你通往职业顶峰的道路走向如何。

事实上，乐观的人往往会踏上一条较为平坦的职业道路，同时他的身边亦会出现更多的机会。看上去这像是对于悲观者的歧视，而且也确实并不公平。大多职员都具有悲观倾向——某些人则喜欢称之为务实，在雇主眼中，他们远不如乐观的人那么有价值。

公司当然不会告诉你，悲观极有可能会损害到你在这里的发展机会。怎样去做、怎样去想那是你的权利，但是公司同样有权利选择为什么样的人提供晋升机会，而乐观的人则往往会给他们留下一种成功者的印象。

你应该很少会看到一名悲观者可以爬到公司"金字塔"的顶峰，成为公司的领头人。大多悲观的人同时也是怀疑者、反对者，他们总是等到值得支持的事情发生了才会去支持它，他们对于公司的新理念总是表现得不够热情，他们总是倾向于强调不足之处，而忽视了修补它的机遇，并且缺乏进一步将事情做好的激情。他们只是重视现状，却看不到事情的前景。在公司中，悲观会让你看上去更像是阻碍公司发展的消极力量，成功只属于乐观者。

任何企业主都会告诉你他希望自己企业的领路者是一个乐观的人。悲观往往会被雇主视为"亟须解决的问题之一"，而乐观的人则会被当做公司内部最理想的积极力量。乐观的人总是会给予人成功的希望，他们在一定程度上能够提升人们的道德水平。由乐观者辅助管理公司，雇主会立刻看到自己的公司发展成为期待中的样子，但在悲观者手中，公司却不可能出现一丝突破。

乐观的人看上去更成功，因为他们的目光总是停留在事物积极的一面上，总是能够预见到希望，是故拥有销售背景的人往往要比普通人提升得更快，因为他们无论做什么，都会预先描绘一幅积极的、振奋人心的规划蓝图；无论做什么，他们首先看到的都是光明的一面，随即便会卷起袖子为之奋力拼搏。持久不变的乐观心态使他们看上去魅力无限，成功总是围绕在他们身边，同时乐观也是领导者必备的一种素质。

当然，我们并不是要求你去执行"鸵鸟政策"，逃避现实，脸上挂着虚假的微笑，扮出现实中不存在任何问题的假象。在我们的人生中，处处都会产生问题，对此我们非但不能逃避，还要迅速、直接地去面对它。出现问题时，首先，作为员工绝不能留给领导"不战自败"的印象。看待事物时，提醒自己多多着眼于积极方面，而不要过分关注其消极的一面，如此一来问题就不会如想象中那般令人感到沮丧。同时，积极的心态亦有助于你构思出一些饱含创意性的解决方案，而不是如悲观者那般被局势表面的严重性吓得不知所措。如果你能够成功激励出身边人的积极性，令他们相信问题能够解决，那么问题就能够解决！

J·哈罗德·威尔金斯曾说过这么一句名言："成功属于乐观者！悲观的人只会扼杀创新！每当听到新观点，他们总是会说：'这肯定不行。'如果说历史曾给予我们某些启迪，那肯定是——唯有梦想家、幻想家、理想主义者、乐观主义者才能够创造出史诗般的壮举。无论是建造金字塔、探索未知的海洋、推翻君主体制、发明芯片，有哪一项伟大创举不是由理想主义者和饱含激情的人来完成的？"

成功者均会彰显乐观向上的精神，当然，这些成功者中并不一定全部都是乐观主义者。但是，如果你所喜欢的也正是自己所要去努力做到的，那么你更倾向于取得成功。

做人做事黄金箴言

你的性格是悲观还是乐观，将决定你通往职业顶峰道路的走向。事实上，乐观的人往往会踏上一条较为平坦的职业道路，同时他的身边亦会出现更多的机会。

习惯=人生的模样

只有习惯好，命才好！

人生就是命运。在命运的背后，我们看不到的地方，似乎总有一只神奇的手在指挥。威廉·詹姆士说：播下一个行动，收获一种习惯；播下一种习惯，收获一种性格；播下一种性格，收获一种命运！日积月累形成的好习惯，有很强的惯性，在不知不觉中，会使成功不期而至。

父子俩住在山上，靠打柴为生，每天都要赶牛车下山卖柴。父亲比较有经验，每次下山都要坐镇驾车。山路崎岖，弯道多，儿子眼神好，总是在转弯的时候提醒道："爹，转弯啦！"父亲每次都回答一声："知道，不用你提醒。"尽管如此，儿子仍然会在转弯时这样做。

有一次父亲因病没有下山，儿子一人驾车。到了弯道，牛怎么也不肯转弯，儿子用尽各种方法，下车又推又拉，用青草诱惑，牛都不为之所动。

儿子百思不得其解。最后只有一个办法了，他左右看看无人，贴近牛的耳朵叫道："爹，转弯啦！"结果，那头倔强的牛应声而动。

听起来，这像是一个笑话，却说明了习惯对于人生的意义。牛用条件反射的方式活着，人则以习惯的方式生活。一个成功的人，知道如何以好的习惯代替坏的习惯，习惯会告诉你该什么时候"转弯"，你自然就会有一个好人生。

成功的人之所以成功，失败的人之所以失败，究其原因，没有别的，完全是习惯两个字在起作用。"一个人习惯于每天晨跑，他就会几十年如一日地跑；一个人习惯于懒惰，他就会无事可做地四处瞎溜达；一个人习惯于勤奋，他就会像日本的阿信一样克服一切困难，从而所向披靡。"习惯就是这么一种顽强的力量，它可以主宰你的一切！

甚至可以说，成功就是一种习惯。那些成功者，即使做小事也要争第一，做到最好，不断进取，不断完善，因而不断地进步。譬如说，他会第一个起床，第一个到公司，工作业绩第一……时时刻刻做第一，求最好。久而久之，就形成了成功的习惯。随着小目标的不断实现，大目标也就成功了！

要想达到预期的人生目标，下面几个好习惯是必备的。

1. 积极地思维

一个秀才进京赶考，住在一家旅店里。考试前两天做了三个梦：

第一个梦，梦到自己在墙上种白菜；

第二个梦，梦到下雨天自己戴了斗笠，还打着伞；

第三个梦，梦到跟心爱的表妹脱光了衣服躺在一起，只是背靠着背。

第二天秀才找算命的解梦。算命的一听，拍着大腿说："你还是回家吧。你想想，高墙上种菜不是白费劲吗？戴斗笠打雨伞不是多此一举吗？跟表妹脱光了衣服躺在一张床上，却背靠背，不是没戏吗？"秀才一听，心灰意冷，这就准备收拾东西回家。店老板见了，觉得非常奇怪，就问他："不是明天就考试了吗？今天怎么就打道回府了？"

秀才如此这般说了一番，店老板乐了："唉，我也会解梦的。我倒觉得，你这次一定能考中。你想想，墙上种菜不是高种吗？戴斗笠打伞不是双保险吗？跟你表妹脱光了背靠背躺在床上，不是说明你翻身的时候就要到了吗？"秀才一听，觉得有道理，于是精神振奋地参加考试，居然中了个探花。

能够左右我们的，往往不是现实中的事物，而是我们对事物的看法。要改变结果，先改变观念。不要总是被动、消极地看问题，要更加积极一点，时刻告诉自己"我行"，从你的字典里彻底扣掉"不可能"三个字。

2. 工作要有效率

做大事之前，总是有很长一段时间的"板凳期"，你需要先做好无数的小事。在日常工作中，你需要养成一种高效率的工作习惯。你要做个任务清单，把最困难的工作放到工作效率最高的时段完成，你要集中一两个小时的时间处理一些紧急工作，你要学会利用零碎时间，不要坐在那里发呆，做"白日梦"。对于那些允许别人分担的工作，就不要事必躬亲，不妨请同事帮忙，或交给助手。

3. 有目标，有计划

俗话说"吃不穷，穿不穷，算计不到就受穷"，不管是个人理财，还是做工作，这句话同样适用。

有个名叫约翰·戈达德的美国人，在他15岁的时候，就把一生要做的事情列了一份清单，他称之为"生命清单"。在这份排列有序的清单中，他设定了127个具体目标。比如，探索尼罗河、攀登喜马拉雅山、读完莎士比亚的著作、写一本书等。在44年后，他以超人的毅力和非凡的勇气，在与命运的艰苦抗争中，终于按计划，一步一步地实现了106个目标，成为一名卓有成就的电影制片人、作家和演说家。

养成凡事设定目标，制定计划的习惯，然后尽量按照自己的目标，有计划地做事，这样不仅可以提高工作效率，还可以快速实现目标。

4. 拒绝拖延

拖延绝对是一个不良的习惯，必须想方设法将其从你的个性中彻底删除。如果不能够下决心，从此时此刻起采取行动，事情永远没有完成的那天。当然了，如果你不打算成功，不打算超过别人，不打算改变现状，很容易，放任自己的拖延陋习就可以了。

5. 自我激励

著名喜剧演员黄宏在一次春节联欢晚会上表演了一个小品，叫做《打气》，其中有一句台词，是这样说的："当你泄气的时候，给自己打打气；当你气满的时候，给自己放放气。"这句话虽然平淡，却一语道出了一句生活哲学——人生万不可少的主题就是自我激励。

在我们的工作中，不可能随时随地都保持高昂的情绪状态，难免会有悲观失望、垂头丧气等消极情绪的时候。当出现了这些不良情绪，一定要懂得自我激励，尽快调整心态，重新树立对未来、对成功的信心。

6. 注意工作中的细节

在日常工作中，一些微不足道的缺点，会让我们成为一个不受欢迎的人。

下列这些行为，我们在日常生活中要引起注意：

1. 不要当众打呵欠

打呵欠在社交场合中给人的印象是，表现出你不耐烦了，而不是你疲倦。

当你和朋友在一起谈话的时候，尤其是当你的朋友在滔滔不绝地发表意见时，那时你也许感到疲倦了，但是你也要按捺住性子让自己不打呵欠。

2. 不要当众掏耳和挖鼻

有些人有随手掏耳朵的习惯，这个小动作实在不雅，而且失礼。尤其是在餐室，大家正在饮茶、吃东西的时候，掏耳朵的小动作，往往令旁观者感到恶心。同样，用手指挖鼻孔也是非常失礼的动作。

3. 不要当众剔牙

宴会席上，谁也免不了会有剔牙的小动作，既然这小动作不能避免，就得注意剔牙时不要露出牙齿，而且把碎屑乱吐一番，这是失礼的事情。假如你需要剔牙，最好用左手掩住嘴，头略向侧偏，吐出碎屑时用纸巾接住。

4. 不要当众搔头皮

有些头皮屑多的人，在社交的场合也忍耐不住皮屑刺激的搔痒，而搔起头皮来。搔头皮必然使头皮屑随风纷飞，这不仅难看，而且令旁人大感不快。

5. 不要当众双腿抖动

这种小动作，虽然无伤大雅，但由于双腿颤动不停，令对方视线觉得不舒服，而且也给人有情绪不安定的感觉，这也是失礼的。

6. 拉链和鞋带不要松着

这是一种疏忽，是种难以叫人宽恕的疏忽，鞋带忘记系上或男士的裤子拉链忘记拉上，在大庭广众的场合，无疑是件有伤大雅的事。

7. 不要留长指甲和有污垢

留长指甲可能是一种癖好，但也有一些人却疏于修剪，而且也疏于清理指甲内的污垢，这就近于失礼了。当和对方握手、取烟、用筷，半月形的指甲污垢赫然在目，实在不雅之至！

8. 不要以"喂"来喊人

有些人，平时见到朋友也像接电话一样先来"喂"一声，这就有失礼貌了，应该以姓和称呼来招呼对方才对。我们也常见有些人问路，也是"喂"一声，虽然对方是路人，但为了礼貌起见，也得来一声"你好"，"请问阁下"。

9. 不要频频看手表

假如你无其他重要约会，那当你和朋友攀谈时，最好少看自己的手表。这样的小动作会使你的朋友认为你还有什么重要的事情，不会把谈话继续下去；同时，你的小动作可能引起对方的误会，以为你没有耐心再谈下去。如果你确实有要事在身的话，你不妨婉转地告诉对方改日再谈，并表示歉意才行。

10. 不要打听别人的私事

很多事情人们大多都是不希望别人知道的。所以，除了对很亲近的人或很熟悉的朋友之外，一般人对于别人的私生活都不会去询问。有时为了表示自己的关切，也要请求别人同意，等别人自愿地告诉你。倘若他不大愿意告诉你，你就不应该再去追问。倘若他愿意把他的事情告诉你，你也不要把此事当做新闻一样，到处去讲。

11. 不要借物不还

在一般社交生活中，应尽量避免借用别人的财物，除非万不得已，千万不要犯这种社交上的大忌。

12. 不要喜欢和人争辩

在社交场合，无论你自己的知识多么丰富，也不要借此来压倒别人，使人难堪。在别人愿意听你的意见的时候，你可以把你所知道的讲出来，给别人作参考。同时，还要声明你所知道的是极有限的，如果有错误，希望大家不客气地加以指正。

　　成功的人之所以成功，失败的人之所以失败，究其原因，没有别的，完全是习惯两个字在起作用。甚至可以说，成功就是一种习惯。那些成功者，即使做小事也要争第一，做到最好，不断进取，不断完善，因而不断地进步。

塑造"白金自我"

　　要打造"白金自我"，应从文化底蕴、艺术内涵、个人品行等方面加强自己的修养，要自信，要诚实，要坚持自我，要勇于承担责任，要随时提升自己跟上变化。

　　身在职场，想要成为优秀的员工，就得努力丰富自己的知识，知识是你在职场中生存的前提。丰富的知识和扎实的文化底蕴，在此基础上提升自己的专业技能，掌握的专业技能越多，自身的含金量也就越高。相信我，高端人才永远是老板最想留住的员工。

　　当然，除了知识，人品也是老板衡量人才的重要标准之一。现代很多企业选才往往要先看人品，有的企业甚至注重人品超出了能力。可见，好的品性是做一个好员工的前提和必要条件。企业最喜欢的员工的共同特征是：真诚、勤奋、有责任、有领导能力、有团队合作精神等。

　　企业不仅重视员工的专业知识，也重视员工的特质，如联想集团在选择人才的时候除了重视其专业能力外，也注重挖掘员工的深层特质。一个人就好比一座冰山，他的潜质、动机、个人需求以及价值观这些东西，都潜藏在水面以下，但是通过某些测试就会很容易显现出来。企业看中一个人往往是因为他在某方面具备了可挖掘的潜力，因此作为员工，不断提升自己的各项素质才是在人才竞争中取胜的不二法门。

摩托罗拉公司就十分尊重员工的人格，鼓励员工充分自信。在摩托罗拉，人的自信和尊严来源于：有充分的培训并能胜任工作；做好实质性的工作；不断向成功努力；在公司有明确的个人前途；创造无偏见的工作环境。主管定期与员工就这些问题进行探讨，使员工在工作中做得更好，更加自信。

可口可乐公司强调员工应该充分了解自己，发现自己的独特优势，对自己有一个理性的认识以及全面客观的自我判断。公司欣赏对自己有全面客观认识的员工，对自己的优点、缺点全无认识的员工则没有信心。对自己足够了解、充分自信，才能很好地发挥优势、获得成功。以下是宝洁对人才的要求：

宝洁寻找那些能对公司作出贡献，能开创一个新局面的人才。宝洁工作的人具有不同的文化背景及学历，但他们却具有一些共同点。

（1）卓越的领导才能——领导及激励别人。宝洁人与同事有良好的工作关系，并努力帮助部属发挥他们的潜力。

（2）强烈的进取心——克服困难，完成工作。宝洁人都具有极强的主动性，坚忍不拔，独立自主地以极大的热情做好自己的工作。

（3）较强的分析能力——全面思考工作中的问题，并得出合理的结论。因为宝洁人具有较高的才智，他们能对瞬息万变的商业竞争及时作出反应。

（4）较强的表达交流能力——简明而有说服力地表达自己的观点。在对别人具有影响力的同时，宝洁人也善于以客观开放的态度吸取别人的建议、反馈。

（5）正直的人格——按照宝洁的"公司信条"来工作。我们在每天的工作中都努力遵循诚实和正直的原则。

（6）创造性——发现新的思想方法、新的工作方法，及达到某个目标的最佳途径。我们经常会面临前所未有的变化，只有更富有创造性地工作，只有向一些基本的假设、传统的观念提出挑战，才能驾驭它。

（7）优秀的合作精神——成功地领导一个集体以取得最佳成果。宝洁人懂得如何激发热情，从而在工作中最好地发挥个人及集体的作用。

宝洁对人才的要求代表了世界名企对人才要求的普遍性。现代企业的竞争首先是人才的竞争，人才是企业最宝贵的智力资本。人才的重要性是这样理解的：如果你把我们的资金、厂房及品牌留下，把所有的人带走，我们的公司会垮掉；相反，如果你拿走我们的资金、厂房及品牌，留下我们的人，10年内我们将重建一切。

"美国文明之父"爱默生说过："人无所谓伟大或渺小，任何一个人都会由自己来主宰并且走向成功，任何一个人都有大于自身的力量，这就是你自己。"

自信能够促进你的事业，自信的人能够做得更好。下面是一些能够提高你的自信的方法：

（1）每天都要自我激励，当你起床或者开始工作的时候，请对自己说"我是最优秀的"或"我一定能胜任"。

（2）定期请老板对自己的工作表现进行评估，确保你没有偏离工作方向。不要等到年终评估时才去了解你自己在一年当中的工作表现如何。

（3）即便是取得了很小的成绩，也要奖励一下自己，休息一下，喝一杯咖啡，或者在办公桌上张贴取得的成绩，时刻提醒和激励自己。

（4）如果发现了你最想要的，就把它马上明确下来，明确就是力量。它会根植在你的思想意识里，深深烙印在脑海中，让潜意识帮助你达成所想要的一切。这个世界上没有什么做不到的事情，只有想不到的事情，只要你能想到，下定决心去做，就一定能做得到。

（5）选择比你优秀的人在一起，当你落败时，他会帮你检讨总结，为你加油助威；当你成功时，他会提醒你，重新给自己定位。找一个比你要求的还积极的环境熏陶自己，一定要这样做，因为选择积极的环境是获取成功的关键。

（6）你的欲望有多么强烈，就能爆发出多大的力量；当你有足够强烈的欲望去改变自己命运的时候，所有困难、挫折、阻挠都会为你让路，欲望有多大，能克服的困难就有多大。

做人做事黄金箴言

电影《天下无贼》中有一句台词："21世纪什么最重要？人才！"。杰克·韦尔奇也告诫中国企业家："找到人才并留住他们。"我们应当打造"白金自我"，成为企业需要的优秀人才。

适时地收起锋芒

Mr.Lee终于如愿以偿地被一家公司以高薪聘用了，怀着激动的心情，他开始了工作生涯。他急于向老板显示自己对此行业以及所负责项目了解甚深，因为，他认为自己是由于对此行业具有丰富经验才被该公司聘用的，并且这一领域对于公司而言尚很陌生。而且公司上司看上去对Mr.Lee也十分满意，在其任职的第一天便向他咨询问题，随即又告诉他，倘若有任何的建议，不要犹豫，尽可大胆提出。

作为一名经验丰富的职员，Mr.Lee却缺乏对职场规则的了解。他此时已经被满腔的工作激情和急于表现自己能力的欲望所支配，Mr.Lee严重误解了上司的意思。

Mr.Lee很快发现了所在部门在组织方式、任务分配，以及项目执行上均存在诸多问题，他认为公司也必然希望他能够将此提出。同时为了显示自己的优秀，也为了引起公司的注意，他开始频繁地在公共场合提出建议，急于博得老板的好感。但是不幸的是，他所面对的是一位极力使一切按部就班的上司，他当然不会对Mr.Lee的建议产生兴趣。

让Mr.Lee感到更为惊奇的是，上司不再重用他，他非但没有采纳自己的建议，反而将他调往另一部门。但是，Mr.Lee并不喜欢这个部门，因为在这个部门里的工作一点技术基础都没有。在这个陌生领域里，Mr.Lee感到了前途的渺茫，并最终导致自己的工作表现极为糟糕。一年之后，他初来公司所期望的荣耀与机遇并未如约而至。

有才华的人急于表现自己优秀，结果锋芒毕露，最后一定会为自己的幼稚行为悔恨不已。正所谓"木秀于林，风必摧之"，一个人表现的太过优秀，太过耀眼只会给自己带来灾难。在公司里，你一定要让别人注意到你的才华，但是又不能完全暴露自己的才华，不加掩饰的才华是危险的。正如案例中的Mr.Lee一样，他的聪明才智显示出了上司的无能，这当然是致命的错误。表现自身聪明才智并不是为了使自己"冒尖"或者引人瞩目，而是为了赢得老板永远的支持。一旦你成功证明自己值得信赖，并且是团队中不可或缺的一员，他们便会恳请你提出建议。这时你的上司们将会为倾听你的良策做好一切准备，并全力对其加以支持。

当然，还有很多公司职员存在着与Mr.Lee同样的想法：他们认为公司是出于自己的聪明才智才加以雇用的。因此，他们急于表现自己的知识和阅历，毫不吝啬地大提建议，畅言自身想法；在会议上纠正老板的错误，为使事情发展更好而贡献各类策略，指明如何改进流程。那么，看过这个案例后，你是否意识到自己做法的不明智呢？

自身尚未具备这种权力便做出如此举动，在公司看来，这是对公司威信的挑战和对工作现状的不满。公司并不希望你真正表现出自己的聪明才智，除非你对老板能够表现出足够的尊重。无论你的出发点何其好，在没有获得公司大权时，你的做法只会令上司感觉到威胁，公司也会将你视为分裂分子。

你的优秀不仅会成为上司眼中的威胁，更会成为周围同事的威胁。因为你的优秀让同事感觉自身地位的岌岌可危，让他们认为你有取代他们的威胁。当他们产生这种想法时，你便会被孤立，工作的开展也会非常不顺利。而你的状况，你的不良人际关系，恰好成为上司认为你"没有合作精神"的理由。如果你要表现自己，就需要时时提防四周人的"明枪暗箭"。

唐朝诗人刘禹锡，虽然才富五车，诗名很大，但是为人爽直，有时做人不够圆通，因此惹来不少麻烦。

当时有种风俗，举子在考试前都要将自己的得意之作送给朝廷有名望的官员，请他们看后为自己说几句好话，以提高自己的声誉，称之为"行卷"。襄甲有位才子牛僧孺这年到京城赴试，便带着自己的得意之作来见很有名望的刘禹锡。刘禹锡很客气地招待了他。听说他来行卷，便打开他的大作，毫不客气地当面修改他的文章。刘禹锡本是牛僧孺的前辈，又是当时文坛大家，亲自修改牛的文章，对牛僧孺创作水平的提高是有好处的。但牛僧孺是个非常自负的人，从此便记恨于心了。

后来，由于政治上的原因，刘禹锡仕途一直不很得意，到牛僧孺成为唐朝宰相时，刘禹锡还只是个小小的地方官。一次偶然的机会，刘禹锡与牛僧孺相遇在官道上，两个人便一起投店，喝酒畅谈。酒酣之际牛僧孺写下一首诗，其中有"莫嫌恃酒轻言语，憎把文章逼后尘"之语，显然是对当年刘禹锡当面改其大作一事耿耿于怀。刘禹锡见诗大惊，方悟前事，赶紧写诗一首，以示悔意，牛僧孺才解前怨。刘禹锡惊魂未定，事后他对别人说道："我当年一心一意想扶植后人，谁料适得其反，差点惹来大祸。"

真心为他人指正错误尚且有错，更何况毫无掩饰的锋芒外露呢？在公司中太过优秀，易遭人忌妒，甚至成为自己成功的障碍。

最大的生存智慧不是表现的多么强大，而是表现的多么弱小。如果连存活之道都没有，反而招来周围人的排挤，就谈不上发展壮大了。德国有一句谚语："最纯粹的快乐，是我们从那些我们羡慕者的不幸中所得到的那种恶意的快乐。"换句话就是说："最纯粹的快乐，是我们从别人的麻烦中所得到的快乐。"也许你觉得人性并没有这么险恶，但是你不可不承认，对方一定会对你的不幸给予同情，却不一定会因为你的快乐而快乐。

古人云："君子要聪明不露，才华不逞。"如果一个人总是喜欢显露自己的才干，表现自己的优秀，那么他必然会遭受很多的挫折。要在公司中生存下去，就要学会适当隐藏自己的锋芒，以避开一些明枪暗箭。

最大的生存智慧不是表现的多么强大，而是表现的多么弱小。如果一个人总是喜欢显露自己的才干，表现自己的优秀，那么他必然会遭受很多的挫折。

多些"傻气"又何妨

我们都知道"山外有山，天外有天，能人背后有能人"的道理，所以都懂得深藏不露，后发制人，不轻易地向外暴露和表现自己的才能。真正聪明的人，不会自以为是。他们为人处世以谦虚好学为荣，常常向别人求教，以丰富和完善自我为目的。即使自己确有才智，也不会四处去出风头，不去刻意地向别人炫耀或展示自己，而会克制和忍耐住自己争强好胜的心理。

很久以前，有一位富家公子，幼时即好琴艺，长大了，自然也能露那么几手。为此，他也颇有几分自负。有一天，他在一座寺庙前看到一个闭目打坐的道人。道人身旁有一布袋，袋口露出古琴一角，公子大奇："这老道也会弹琴？"就上前大大咧咧地发问："请问道长可会弹琴？""略知一二，正想拜师。"道人微睁双目，语气十分谦让。"那就让我来弹弹吧。"公子毫不客气地说。道人把琴拿出，公子立即盘腿席地而弹，先是随随便便地拨弄了一曲。道人微微一笑，不着一语。公子便又使出生平所学弹了一首，道人仍不语。公子恼火了，生气地说："你怎么不说话，是我弹得不好吗？""还可以吧，但不是我想拜的师傅。"这下，公子可沉不住气了："哦，你倒是挺会弹的了，不如让我见识一下。"

道人并不搭腔答话，只是拿过琴来，轻抚几下，开始弹奏，其声如流水淙淙，又如晚风轻拂，公子听得如痴如醉，连寺庙旁的大树上都停满了鸟儿。一曲终了，许久，公子方如梦初醒，立即向道人行起了大礼，拜他为师。

这位道人可谓是"装傻"的大师，明明身怀绝技，却不爱显露，态度十分谦恭，做人十分低调，与那个争强好胜的公子形成了鲜明的对比。

在职场中，不妨多些"傻气"，所谓的"傻"是谦虚、是谨慎、是低调、是深刻……

那些"傻气"的人，其实是最聪明、最智慧的人。这个世界变幻莫测、纷繁复杂，"傻气"的人们无暇张扬自我，只会低着头不断地充实和丰富自己。只有井底之蛙才会对着头顶的一片天空自负地呱呱大叫。

孔子曾经问子贡："你和颜回到底谁更聪明？"子贡回答说："我听说一件事，就能推知两件事；颜回听说一件事，却能推知十件事。颜回聪明智慧，能从事情一开始就知道它的结果，是上等智力，生来就是智者。"孔子说："我和颜回说话，他一整天都不反驳，好像很愚笨。我回来后回想他的言语行动，都表明他足以发现我的道理和问题，他并不笨。"孔子非常赞赏颜回的为人处世态度，胸有丘壑却要以愚笨为可贵品质，以不炫耀自己为美德。

内敛是成功者不能没有的品质。他们像质朴的大钟，整日沉默不语，只有在辉煌的日子里，才会被命运的钟撞响，发出响彻天地的雄浑钟声……

做人做事黄金箴言

真正聪明的人，不会自以为是。他们为人处世以谦逊好学为荣，常常向别人求教，以丰富和完善自我为目的。那些"傻气"的人，其实是最聪明、最智慧的人。

温和却不软弱

江山易改，本性难移，小人毕竟是小人，你再容忍他，也很难感化他，改变他。有的时候你可以很温和，但是有的时候，我们必须像一只刺猬那样，一旦遭受到他人的攻击，就要展开全身的刺，将自己柔弱的核心紧紧包住。

生活中一些蛮横霸道的人之所以能够得意一时，就是因为社会上有些人习惯忍气吞声了。所以那些作威作福的人，往往把火气撒到那些软弱善良者身上，因为他们清楚，这样做并不会引来很麻烦的后果。在我们身边的环境里经常能看到这样的受气者，他们性格上软弱可欺，最终也必然为人所欺。因为一个人表面上的软弱，事实上也助长和纵容了别人侵犯你的可能。人是应该有一点心机的，以大坏对付小坏，假坏对付真坏，在为人处世中树立一个不好惹的形象，是确保自己不被小人侵犯的一条很重要的原则。小人一般都是些欺软怕硬之徒，只要你花点小心机，让那些冒犯者尝尝你的厉害，就能起到杀一儆百的作用。你的这一反击也会时刻提醒那些小人，招惹你是要承担后果并付出更大代价的。

在我们的生活中，常常会遇到给你穿"小鞋"的小人，他仅仅是因为嫉妒就想排挤你，或许要靠欺骗你达到他的某个目的，或许要靠踩着你的肩膀往上爬。你越是像皮球一样任他拍，他就越会毫不留情地将你玩弄于手掌之中。你只有像一只刺猬，毫无畏惧地对着那只向你伸出来的"黑手"，狠狠地刺他一下，让他们尝尝剧痛的滋味，并留下深刻的回忆。这样他便不敢再轻易伤害你！

做人做事黄金箴言

一个人表面上的软弱，事实上也助长和纵容了别人侵犯你的可能。你只有像一只刺猬，毫无畏惧地对着那只向你伸出来的"黑手"狠狠地刺他一下，让他们尝尝剧痛的滋味，这样他们便不敢再轻易伤害你。

莫把自己看得太重要

刚毕业的小单，几经周折去年年底终于在一家房地产公司找到了一份市场推广的工作。在这几个月工作过程中，小单总是感到在与人交往过程中，自己的自尊心不断地受到打击。自己的方案被上司拿到领导那里邀功；自己的客户被同事撬走；领导的批评总是落在自己的身上……

小单的个性比较要强，他不愿意为了这些事找领导分辩，但是他也认为自己的自尊心在这样的工作环境中很受伤害，无论是自己的业绩还是人际关系都为此受到了很大的影响。

像小单这样的问题，职场中人经常遇到。从心理学讲，自尊是一种精神需要，是人格的内核。维护自尊是人的本能和天性。当然自尊也要有一个度，一个弹性的区间。正确的原则是：从实际的需要出发，让自尊心保持一定的弹性。

比尔·盖茨说："这世界并不会在意你的自尊，这世界指望你在自我感觉良好之前先要有所成就。"在职场，当你什么都下是的时候，最好收起你那廉价的自尊。

当我们在交际场上受到冷遇时，自己的自尊心将会面临着挑战，这时千万别发作，更不要自暴自弃。不妨多想一想自己的家庭、使命、职责，为了完成自己的职业生涯规划，一定要增加自己的自尊承受力度。

在交际过程中，我们还应坚持把实现交际的宗旨看得高于自尊，让自尊服从交际的需要。这样自己对自尊才会有自控力，即使受到刺激，也不至于脸红心跳，甚至可以不急不恼，以笑相对，照样与对方周旋，表现出办不成事决不罢休的姿态，这样才能成为交际场上的赢家。

反之，满心希望他人来肯定自己花了很多心血做的自认为很不错的事情，偏偏得到的是全盘否定。这时的自己肯定会受到强烈的刺激，为了挽回面子，进行辩解、反驳，甚至是争吵，这就大错特错了。以这样的方式来维护所谓的自尊、面子，只会使事情变得更糟，倒不如接受这个事实，用平静的心态做进一步的思考，找到更好的沟通方式，效果可能更好一些。

当我们受到批评时，特别是当众挨批评，自尊心一定受不了。此时我们一定要对领导的批评有正确的理解，虚心地接受，这样做不但不会丢面子，反而会改变他人对你的看法，给大家留下一个好印象。

有时，批评的内容可能不实，甚至还有些偏颇，而批评者又处在特殊的地位，这时如果你因为受自尊心的驱使，当场就进行反击，效果肯定不好。如果当时理智一些，事后再进行沟通、说明，这种处理方式会对自己较为有利。

维护自尊是人的本能和天性。为人处世若毫无自尊，脸皮太厚，不行；反过来，自尊过盛，脸皮太薄，也不好。维护自尊时，脸皮不妨厚一点，这并不是不要尊严，而是要把握适当的度，保持自尊心最佳的弹性空间。

微软亚洲研究院教育与合作总监华宏伟先生是面试官之一。他指出了大学生参加大公司面试的三大绝招：胆大、心细、脸皮厚。胆大即自信，心细指要注重细节，而脸皮厚则指要执著。面试时的偶然性因素非常大，一般面试官看简历只有30秒的时间，因此一丁点偶然的因素都会对面试结果产生重要影响。学生即使面试失败，也不应该立马灰头丧气地回去，可以找面试官问一下失败的原因，甚至请求他再给一次机会。

美国权威财经杂志《福布斯》曾发布了成为富豪的五大秘诀：

第一，懂得把伟大创意发扬光大；

第二，脸皮厚才能聚集更多财富；

第三，抱紧资产；

第四，要有捡便宜货的独到眼光；

第五，要具备气定神闲地面对投资风险的勇气。

当我们在职场还没有地位的时候，或者说，我们还没有实现自己的梦想的时候，我们只能牺牲自己的自尊。越早意识到这一点，离成功就会越近一点。

做人做事黄金箴言

当我们在职场还没有地位的时候，或者说，我们还没有实现自己的梦想的时候，我们只能牺牲自己的自尊。越早意识到这一点，离成功就会越近一点。

做一个无法取代的人

M从英国留学回国后，进入一家公关公司。老板很看重M的留学背景，而且经常把对M的重视放在口头上。仿佛是在督促大家要积极地学习，否则就将会被淘汰出局。被重视当然是件好事，但是被老板说出来就不好了，M明显感觉到了来自周围的压力，尤其是同一部门同事L。

L对M的不满应该有着充分的理由。L在公司里已经干了很长一段时间，自从M进入策划部后就被分配到了她的部门，一直和她一起负责活动的策划工作，M的到来无疑成为L的最大威胁。

不久，她们就接手了一个重要的项目，两人每天都讨论到很晚。因为刚进入公司的缘故，M想要好好地表现一下，于是她卖力地出主意、想点子，提出了一个又一个方案。可是没有想到的是，L背后单独见了老板，把两人一起作出的方案呈给了老板，却绝口不提M的名字。结果，老板赞赏了L的积极表现，对于M的表现则比较失望。M开始意识到自己的危机，如果不改变脱离这种困境，自己被扫地出门是肯定的。

此后，在策划讨论的时候，M都会在大家的面前说出自己的创意，让大家都知道自己的优势：有点子、有创意、懂得揣摩客户的心理。这些都是L所不具备的。M更在以后的工作中，不断强化自己的优势，成为公司的中坚力量。而L，自从偷窃了M的策划方案后，就再也没有拿出过好的策划，她的方案也总是被老板否决，显然成为一个可有可无的人。半年后，L就主动提出了辞职。

职场上流传着这样一句话："这个世界上什么都缺，就是不缺人，一旦你没有了可利用的价值就会像甘蔗渣一样，人见人嫌！"市场不同情流泪人，职场也同样如此。公司也许去年还当你是块宝，奉你如上宾，今年却让你备受冷落；也许上个月你还是公司叱咤风云的人物，然而这个月你已经面临解职、降职的危险；也许昨天领导还对你笑脸相迎，今天却对你破口大骂……身在职场中有太多的大起大落了，也可以饱尝到世间的人情冷暖。你可以感叹、可以抱怨，却对此无能为力——这就是现实。

如果你不幸成为这个被公司扫地出门的人，那么你就需要反省下自己了，否则下一次，下一家公司，你同样会面临这个问题。你不能怪公司，不能怪他人，怪只能怪自己"黔驴技穷"。这个世界就是充满着利益的合作和相互利用，如果你不提高自己的价值，那么你就失去了可利用的价值。唯有让自己的地位无可替代才能保证自己无后顾之忧。

正如本节前面的案例一样，L在职场中的地位轻易被M所动摇，为了保全自己的地位，她通过一些不正当的手法来维护自己的利益。但是不幸的是，她的手法并不高明，反而引起了对手M的警觉，并最终完全取代了L在公司的地位。也许有人认为L如果成功的话就不会如此了，但是事实却并非如此，纵使没有了M的威胁，也难保以后不会出现类似的危机。我们之所以明显感觉到了危机，就是因为我们的地位正在遭受他人的威胁，我们意识到自己的位置会被他人取代，这就是问题的所在。而解决的办法也只有在自身上下工夫——提升自己的不可取代性。

只要你有存在的价值，具有他人所无法取代的优越性，公司就不会亏待你的。正如我们都愿意结交比自己更优秀或者对自己有价值的人，而不愿结交对自己毫无帮助而三天两头给自己带来麻烦的人；我们印象中总会有些人对于我们的影响非常深刻，因为他们的地位无可取代，之所以如此，肯定在他们身上有别人所没有的东西。

如何让自己变得不可取代呢？从本质上来说，这个世界上只有两种人不可取代：一种就是某一领域里的强者；另外一种就是创新者。前者无人能敌，后者则永远走在别人的前面。所以，我们要做勇于吃螃蟹的第一人，而不要总是去咀嚼别人吃剩的"馒头渣"。即使我们做不到这两点，也请记住：无论如何你都需要证明，你为老板创造的价值远远大于老板向你支付的薪水。也就是说，如果你期望自己的价值和薪水画上等号，那么你绝不是老板心目中的第一人选。

在公司里，没有能力，再能吹嘘自己也是枉然的。懂得抬高自己、推销自己固然重要，但是在往自己脸上抹粉的同时，也要努力提升自己的能力和实力，否则就是一具空架子。如今职场中出现了大量的"汉堡人才"，所谓"汉堡人才"就是指那些拥有本科以上学历，持有至少一项职业资格证书或技能证书，但在跳槽时却屡战屡败，得不到自己理想职位和薪水的人。这群人就如同巨大的汉堡，虽然外表光鲜，但是实际上却没有多少"营养价值"。他们在工作的时候发挥不出自己的能力和实力，在这个竞争激烈的职场中，这样的人又有什么竞争优势呢？

要想取得成功，只有不满足现状，努力提升自己追求更高的目标。实际上，在提升自己的能力和实力的同时，也从根本上抬高了自己的身价。正如比尔·盖茨一样，他所具备的正是其他人所没有的才华，不仅是某一领域的最强者，更有不断创新的精神。所以，他的强大和富有是必然的。

如今有不少公司出于成本等因素的考虑，经常将本公司的业务和工作外包给其他公司。在这样的趋势下，未来的工作就会出现两种类型：一是可被取代的，也就是容易被外包的工作；还有一种是不可被取代的，也就是高附加价值的工作。

在这种新趋势下，每个人都应该认真想想自己的工作是否容易被取代，想想你的工作究竟是暂时性的，还是永久性的。而这些都取决于你是否有危机意识，并因为有危机意识不断充实自己，提升自己，创造出自己的"不可被取代性"。他们知道，机会永远是留给准备充分的人。《世界是平的》这本热门著作的作者托马斯·弗里德曼曾说，只有"很特殊、很专业、很会调适、很深耕"的人，才不会在这股外包浪潮中被取代。

只要你肯用功思考，再简单的工作也可以做的很出色。谈到厨师，人们通常很难将其与上面"很特殊、很深耕"这些词联系在一起，觉得这是谁都可以取代的工作。然而却有人在这份工作中创造出了自己的"特殊性"，使自己变得不可取代。

蔡坤展是台北晶华酒店的主厨，他将建筑与时尚的概念融入了菜中，让每一道菜都像一件精美的艺术品，成了政商名流的最爱。因为这种独创的特殊性，所以无人可以取代。

蔡坤展在做学徒的时候，就不满足于自己的手艺。刚开始，他辗转于各种类型的餐厅学习，像炭烤、火锅、海鲜，甚至连路边小摊他都不放过，于是他的手艺在不断学习中日益精进。后来，他开始思索怎样将菜的原汁原味装饰以令人耳目一新的外观，于是有了将建筑的立体概念融入菜色中的想法。每天从早到晚，不论是在走路还是在骑车，甚至在睡觉的时候，他都不放过，无时无刻不在动脑筋思考新菜色。有时候走在路上无意间看到什么特色的建筑，就会立即试着将它融入一道料理中。

同时，他也通过到海外考察，或是翻阅国际杂志来寻求灵感，就连再简单不过的"红茄鲜芦笋"这道菜，在经过他的巧手设计后，都能让人看出悉尼歌剧院般的层次分明。蔡坤展的理念就是："一定要创新，比别人强，才不会被取代。"

像蔡坤展这样不断创新，精进自己的技艺，同时还吸收新知，保持细心与观察力，时刻警惕自己的人又怎会被别人所取代？他的做法，你同样也可以思考，自己究竟有哪些不可被取代性的才华，这些才华是否有确保性。为了确保不可被取代性，不妨学习蔡坤展的创新精神，精进自己的技艺。要相信实力才是你能依靠一生的东西，也才是你不可被取代的唯一资本。

全球第二大人力资源公司万宝华的总经理李崇领曾说："所谓不被取代的工作，必须是技术含量高，一般人无法涉猎的领域，因为它能凸显出个人的价值。"因此，无论你是精进自己的技术，还是有不断创新的思路，都是一种技术，是无可取代的资本。当然，如果你技能既不高超，又没有创新的点子，那么就掌握与人相处的诀窍吧。只要你善于与人沟通，人缘颇佳，同样能让自己变得无可取代。

做人做事黄金箴言

这个世界就是充满着利益的合作和相互利用，如果你不提高自己的价值，那么你就失去了可利用的价值。如何让自己变得不可取代呢？要么成为某一领域里的强者，要么成为创新者。

无"度"不丈夫

爱德华·利伯是一个玻璃制造商，拥有一家规模不大的企业——新英格兰玻璃公司。利伯与其他玻璃制造商一样，渴望公司能发展壮大，成为美国玻璃制造业的巨擘。而迈克尔·欧文斯则是玻璃公司一名普通的工人，同时还是当地颇有声望的工会领导人之一。

在一次罢工运动中，欧文斯鼓动工人反对利伯，要求加薪水，缩短工时并改善工作条件。这次罢工迫使利伯把公司迁往另一个城市，但利伯在公司迁走时，不仅没有开除欧文斯，反而把他和少数工人一起带到新厂所在地，并重用欧文斯。

原来，在罢工期间，欧文斯曾代表工会与利伯进行过谈判。在双方唇枪舌剑的交锋中，利伯发现欧文斯不仅血气方刚，敢想敢说，同时还是一个在玻璃生产和技术方面不可多得的天才。欧文斯除了要求公司改善职工待遇外，还激烈地批评了利伯在生产管理、技术革新方面存在的问题。利伯认为，欧文斯谙熟制造工艺，并对有些问题有独到见解，因而，他不仅没有因为欧文斯带领工人与自己作对而怀恨在心，反而起了爱才之心。因此，他在搬迁公司时，特意带上了欧文斯。

到了新的地方后，利伯开始注重发挥欧文斯的才干，他不计前嫌的宽宏大度使欧文斯深受感动，他们开始了真诚合作。三个月后。欧文斯向利伯提出了一连串的建议，并被利伯全部采纳，根据这些建议制定的措施使公司大受裨益。利伯也因此而更赏识欧文斯，委任他担任了部门的监工。两年后，再次提升他担任公司业务主管。

就这样，两个曾经在谈判桌上针锋相对的对手，变成了一对亲密无间的合作伙伴。此后，利伯一直不遗余力地在各方面支持欧文斯对玻璃制造工艺的改进，而欧文斯也不负重托，他一次又一次成功的技术革新，使利伯公司成为闻名全球的大型企业。

能否宽谅曾经反对过自己的人，是能否做到成功用人的一个重要方面。对于现代的领导者来说，要想吸引能人，做到成功用人，就必须要有宽大的胸怀，要具备宽谅反对者的素质。

由此可见，一个领导者是否有不计前嫌的胸襟，直接关系到他能否纳才、聚才和用才，而且也关系着企业的发展前途。因此，一个优秀的领导者对于有才华的反对者就应以宽广的胸怀和大度的气量主动去接近、团结并启用他们，让他们感受到你爱才之心和容才之量，从而使他们改变对你的态度，并愿意为你所用；同时，也让你更富有吸引别的优秀人才加盟的个人魅力。

相传子思住在卫国，向卫王推荐苟燮时说："他的才能可以率领500辆战车，可任命他为军队的统帅。如果得到这个人，就会天下无敌。"

卫王说："我知道他的才能可以成为统帅，但是苟燮曾经当过小吏，去老百姓家收赋税，吃过人家两个鸡蛋，所以这个人不能用。"

子思说："圣明的人选用人才，就好像高明的木匠选用木材，用它可用的部分，抛开它不可用的部分。所以杞树、梓树有一围之大，但有几尺腐烂了，优良的木匠不放弃它，为何？那是因为知道它的妨害很小，最后能做成非常珍贵的器具。现在您处在战国纷争的时代，要选取可用之才，只是因为两个鸡蛋就不用栋梁之材，这种事可不能让邻国知道啊！"

卫王再一次拜谢说："愿意接受你的指教。"卫王险些因为两个鸡蛋就葬送了一个军事统帅，要不是他能够认真听取子思的意见，哪里再去找一个领兵打仗的干将呢，苟燮的故事给职场的领导人以启发，不能因为这么一点小事，就放弃不用具有大才干的人，而任用那些没有问题、也没有才干的人。

小心眼的领导喜欢揪住员工的"小辫子"不放，事实上，这样绝对得不偿失。一个做上司的，总是拿小事与下属斗，这本身就是缺乏宽厚胸襟的表现，是给权威减分的行为。

无论是用人还是做事，都应注重主流，不要因为一点小事而妨碍了事业的发展。须知金无足赤，人无完人，我们要用的是一个人的才能，不是他的过失，为什么总把眼光盯在那过失上边呢？纵使别人曾经有过过错，只要别人改正了我们也应当忘记别人的坏，重新审视别人的好。倘若我们死死地抓住别人的"小辫子"不放手，不仅伤了别人也会害了自己。

春秋时的宋国有一个君主叫宋闵公，非常的小气。宋闵公手下有一个将军叫南宫长万，同样也喜欢斤斤计较、没有肚量。这位南宫将军原本是个武林高手，却不慎在与鲁国军队的一次作战中失手被擒。本来胜败乃兵家常事，可是，小家子气的宋闵公却因此给南宫长万起了个外号："战俘"。这可让南宫长万心里非常的恼火。

一天，君臣俩因为下棋发生了争执，宋闵公讥骂道："你这臭'战俘'，连棋都下不明白，还能干什么？"南宫长万听到这话，勃然大怒，说："我能杀人！"说罢，操起棋盘砸死了宋闵公。随即起兵叛乱，给宋国造成了极大的动荡和破坏。最后，他兵败被擒，被捣成了肉酱。

宋闵公和南宫将军竟然为了一件小事导致大的祸乱，把自己的性命都赔进去了，实在可惜可叹。宋闵公身为一国之君，堂堂的领导者和管理者，竟然没有一点宽容之心，这样的管理者是没有眼光的管理者，是不会识才和用才的管理者，为这样的领导打工真的是一件很悲哀的事情。

都说"得饶人处且饶人"，可现实生活中就是有人喜欢住抓别人的"小辫子"说三道四，到处宣扬。不仅招惹别人的怨恨，而且自己也成为别人躲避的对象，甚至为此埋下祸根都不自知。三国时期的英雄人物关羽、张飞终究因为容不得别人的缺点，心胸狭隘而被部下所杀。

生活需要包容，工作中同样如此。宽容的力量是巨大的，如果你能包容他人的缺点与错误，包容他人的指责与误解，包容他人的侵犯与攻击，那么你就无往而不胜，真正成为一个成功的人了。

做人做事黄金箴言

如果你能包容他人的缺点与错误，包容他人的指责与误解，包容他人的侵犯与攻击，那么你就无往而不胜，真正成为一个成功的人了。

让自己拥有亲和力

世上总有很多人喜欢表现自己的力量和能耐，在他们眼中，他人总很差劲。这种人很可能令你讨厌，但你可以利用他们。他们喜欢表现就给他们表现的机会嘛。

最简单的办法就是，在他们面前故意表现得笨手笨脚。他们会哼着鼻孔走过来说："真是差劲，让我来！"于是，他们就自己动手做起来。这个方法儿童们都会用，何况成人。

最聪明的办法是询问，表现得很虚心的样子去求教，他人怎么会不理睬，说不定一边做一边教你怎样做呢。

人人都希望自己能受到别人的欢迎，但要做到这一点，并不是很容易的。

一个新上任的年轻军官要在火车站打一个电话，他翻遍了所有的口袋，但是最终也没有找到一分零钱。他把脖子伸的长长的，期望能够找到一个人能够帮忙。这时有一位老兵从旁边经过。年轻军官拦住他说："你身上有10美分零钱吗？"

"等一下，我找找看。"老兵急忙把手伸进口袋里。

"难道你不知道对军官应该怎样说话吗？"年轻军官生气地说："现在，让我们重新开始。你有10美分零钱吗？"

"没有，长官！"老兵迅速立正回答道。

试想下，这位老兵的兜里真的没有10美分零钱吗？那也未必，但他之所以如此这么快就答应说没有，原因恐怕只有一个——这位军官的态度过于骄横了，他这样高高在上的态度谁看了也都会不舒服，还怎么会借钱给他呢？年轻军官的高高在上的态度或许暂时给他带来了心理上的满足，但是它却在不知不觉中损害了老兵的心理，被拒绝也就是情理之中了。

戴尔·卡耐基指出，如果我们只是要在别人面前表现自己，使别人对我们感兴趣的话，我们将永远不会有许多真实而诚挚的朋友。朋友——真正的朋友，是不会以这种方法来交往的。

卡耐基在纽约参加过一个宴会，其中一名宾客——一个获得遗产的妇人，急于留给每一个人一个良好的印象。她浪费了好多金钱在黑貂皮大衣、钻石和珍珠上面。但是，她对自己的面孔，却没下什么工夫。她的表情尖酸、自私。她没有发现每一个男人所看重的是：一个女人面孔的表情，比她身上所穿的衣服更重要。

查尔斯·史考伯说过，他的微笑价值100万美金。因为史考伯的性格，他的魅力，他那使别人喜欢他的才能，几乎全是他取得卓越成功的原因。他的性格中，令人喜欢的一项因素是他那动人的微笑。

卡耐基认为行动比言语更具有力量，而微笑所表示的是，"我喜欢你、你使我快乐、我很高兴见到你"。这就是为什么狗这么受人们欢迎的原因。它们多么高兴见到我们，因此，我们也就高兴见到它们。

笑的影响是很大的，即使它本身无法看到。遍布美国的电话公司有个项目叫"声音的威力"，在这个项目里，电话公司建议你，在接电话时要保持笑容，而你的"笑容"是由声音来传达的。

俄亥俄州辛辛那提一家电脑公司的经理，告诉我们他如何为一个很难填补的缺额找到了一位适当的人选。

"我为了替公司找一个电脑博士几乎伤透脑筋。最后我找到一个非常好的人选，刚要从普渡大学毕业。几次电话交谈后，我知道还有几家公司也希望他去，而且都比我的公司大而且有名。当他接受这份工作时，我真的是非常高兴。他开始上班时，我问他，为什么放弃其他的机会而选择我们公司？

"他停了一下然后说：'我想是因为其他公司的经理在电话里是冷冰冰的，商业味很重，那使我觉得好像只是另一次生意上的往来而已。但你的声音，听起来似乎你真的希望我能够成为你们公司的一员。'你可以相信，我在听电话时是笑着的。"

由此看来，你应该微笑起来，你现在就应该开始微笑：当你要去上班的时候，对着大楼的电梯管理员微笑着，说一声"早安"，并微笑着跟大楼门口的警卫打招呼；当你站在交易所时，对着那些以前从没见过的人微笑——你将会很快发现，每一个人也会对你报以微笑。当你以一种愉悦的态度，来对待那些满肚子牢骚的人的时候，你会发现问题将变得非常容易解决了。

当然，如果你不喜欢微笑，那怎么办呢？答案就是强迫你自己微笑。如果你是单独一个人，强迫你自己吹口哨，或哼一曲，表现出你似乎已经很快乐，这就容易使你快乐了。

此外，如果你要别人喜欢你，请记住这条规则："一个人的名字，对他来说，是任何语言中最甜蜜、最重要的声音。"

肯恩·诺丁罕，是印度通用汽车厂的一位雇员，他通常在公司的餐厅吃午餐。他发觉在柜台后工作的那位女士总是愁眉苦脸。她做三明治已经做了快两个小时了，他对她而言，又是另一个三明治。他说了所要的东西，她在小秤上称了片火腿，然后给了几片莴苣，几片马铃薯片。

隔一天，他又去排队了。同样的人，同样的脸；不同的是，他看到了她的名牌。他笑着叫她：尤尼丝，然后告诉她要什么。她真的忘了什么秤不秤的，她给了他一堆火腿，三片莴苣，和一大堆马铃薯片，多得快要掉出盘子来了。

由此，我们可以看出一个名字里所能包含的奇迹，并且要了解名字是完全属于与我们交往的这个人，没有人能够取代。名字能使人出众，它能使他在许多人中显得独立。我们所做的要求和我们要传递的信息，只要我们从名字这里着手，就会显得特别的重要。不管是女侍者或总经理，在我们与别人交往时，名字会显示它神奇的作用。

卡耐基认为，打动人心的最佳方式是，跟他谈论他最珍贵的事物。当你这么做时，不但会受到欢迎，也会使生命获得扩展。

只要曾经拜访过罗斯福的人，都会惊讶于他的博学。不论你是个小牛仔、政治家或外交官，他都能针对你的特长而谈。其实这个道理很简单，当罗斯福知道访客的特殊兴趣后，他会预先研读这方面的资料以作为话题。因为罗斯福知道，抓住人心的最佳方法，就是谈论对方所感兴趣的事情。

所以，如果你希望别人喜欢你，就要抓住其中的诀窍：了解对方的的兴趣，针对他所喜欢的话题与他聊天。

卡耐基指出，你遇到的每个人，都认为他在某些方面比你优秀；而一个绝对可以赢得他欢心的方法是，以不着痕迹的方法让他明白，他是个重要人物。

你希望周围的人喜欢你，你希望自己的观点被人采纳，你渴望听到真正的赞美，你希望别人重视你……那么让我们自己先来遵守这条诫令：你希望别人怎么待你，你就先怎么对待别人。

你遇到的每个人，都认为他在某些方面比你优秀；而一个绝对可以赢得他欢心的方法是，以不着痕迹的方法让他明白，他是个重要人物。

学会感恩才是智者

曾经有这样一个故事：

天使问诗人："你不快乐吗？我能帮你吗？"诗人对天使说："我什么都有，只欠一样东西，你能给我吗？"天使回答说："可以。你要什么我都可以给你。"

诗人直直地望着天使："我要的是幸福。"

这下把天使难倒了，天使想了想，说："我明白了。"

然后天使把诗人所拥有的都拿走了。天使拿走了诗人的才华，毁去了他的容貌，夺去了他的财产和他妻子的性命。天使做完这些事后，便离去了。

一个月后，天使再回到诗人的身边，他那时已经饿得半死，衣衫褴褛地躺在地上挣扎。于是，天使把他的一切还给了他。然后，又离去了。

半个月后，天使再去看诗人。这次，诗人搂着妻子，不住地向天使道谢。

因为，他得到了幸福。

这个故事告诉我们要珍惜已经拥有的东西，对自己得到的要心怀感恩，知足惜福。

学会感恩生命中的一切，包括人、事、物等，这样在顺境时我们会更上一层楼，锦上添花；在逆境时我们会得到更多的援助，更快地从"坏事"中发现积极因素，在危难中发现机会，从而反败为胜。

我们能看到的称得上成功的人，通常都有一个共同的特质，就是他们一直在感恩，对那些帮助过他们的人感恩，对他们所有能想到的人感恩，对一切感恩。

从我们牙牙学语、蹒跚学步开始，我们就不断地接受来自身边亲人、朋友、领导、同事乃至陌生人的无偿关爱、热心帮助、鼎力支持。这些关爱、这些帮助、这些支持，很多时候可能仅仅表现在一些细小的事情上，有如春风化雨，让人浑然不觉。但这一切并非理所当然，或者说，在我们不断地接受所有这些来自生活的、看似理所当然的赠与和关爱的时候，我们不能无动于衷。

"一粥一饭，当思来之不易；半丝半缕，恒念物力维艰。"乌鸦有反哺之义，羊羔有跪乳之恩。蜜蜂采花而去，嗡嗡地一番表白，这是感恩；葵花向着太阳，注视着天空，这也是感恩。可以说，感恩的方式有很多种。

在法国一个偏僻的小镇上，有一个据说很灵验的泉，它的泉水可以医治百病，所以许多人慕名而来。有一天，一个少了一条腿，挂着拐杖的退伍军人很吃力地走过镇上的马路，旁边的居民看到他，不禁说道："可怜的人啊，难道他想祈求上帝再给他一条腿吗？"恰巧这句话让退伍军人听到了，他对镇民说："我并不是想祈求上帝再给我一条腿，而是请他帮助我，告诉我在没有了一条腿的情况下，怎么更好地生活。"

生活总是现实的。那个军人之所以没有绝望，是因为他知道自己并没有失去一切，他怀有一颗感恩的心，去迎接生活中的一些困难。别总以为自己是不幸的，我们身边总有更不幸的人。既然你能在你拥有他们时认为那是理所应当，那么在你失去之后也应该平静接受，就像那个少了一条腿的退伍军人一样勇敢：忘记过去的烦恼和不足，直面挑战未来的一切。

心怀感恩，生活里才会少一些怨恨和烦恼；心怀感恩，心灵上才会多一份宁静与安详；心怀感恩，工作中才会多一些宽容和理解。

心怀感恩，我们才会更加热爱自己和他人；心怀感恩，我们才会更加珍爱亲人和朋友；心怀感恩，我们才会更加珍惜现在和将来。

小成功需要朋友，我们要感恩；大成就需要敌人，我们更需要感恩。所以，无论你做什么工作，一定要培养心存感恩的习惯，这是提升自我的力量源泉。你应该持之以恒地怀有这种感恩的心态，无论你获得多大的成就，你都要心存感恩。

感恩，让我们以知足的心去体察和珍惜身边的人、事、物；感恩，让我们渐渐地在平淡的日子里，发现生活的丰富和多彩；感恩，让我们领悟和品味命运的馈赠与生命的挫折；感恩，让我们明白自己拥有的一切原来如此美好。

做人做事黄金箴言

小成功需要朋友，我们要感恩；大成就需要敌人，我们更需要感恩。培养心存感恩的习惯，是提升自我的力量源泉。

第二章
职场超人气对话

俗话说："会干的不如会说的"，如果你想仅仅凭着熟练的技能和勤恳的工作，就在职场出人头地，未免有些天真了。虽然能力加勤奋很重要，但会说话，却能让你工作起来更轻松，并且可能帮助你加薪、升职。

说话，不仅仅是表达和沟通的工具，更是职场生存与发展的重要手段。拥有杰出的口才，就能够在竞争残酷的职场中游刃有余，改善自己在职场的境遇，获取更大的成功。因此，掌握说话的艺术和技巧至关重要。

赞美最易笼络人心

只要讲话，就要学会赞美。想要赞美人时高声表达，想要批评人时紧咬舌根。因为，赞美会让敌人变成朋友，会让朋友变成手足。

美国"钢铁大王"安德鲁·卡内基，在1921年付出100万美元的超高年薪聘请一位执行长夏布（Schwab）。许多记者访问卡内基时问："为什么是他？"卡内基说："因为他最会赞美别人，这也是他最值钱的本事。"

赞美别人的价值真的如此"高价"吗？当然，懂得赞美他人的人，简直就掌握了一份无价之宝！成功学大师戴尔·卡耐基本人就是赞美的受益者之一。

当卡耐基还是一个小孩子的时候，他就是个有名的坏小子，他的父亲甚至对他已经彻底绝望了，因此，当他把卡耐基的继母迎娶进家门的时候，他不得不提醒她——你面前站着的，是全州最坏最坏的男孩子，他的想象力和精力几乎全用在做坏事上了。

卡耐基的继母没有因此嫌弃小卡耐基，而是爱抚地看着他，然后对自己的丈夫说："你错了，他不是全州最坏的男孩，而是全州最聪明最有创造力的男孩。只不过，他还没有找到发泄热情的地方。"

继母的话说得卡耐基心里热乎乎的，眼泪几乎滚落下来。因为在继母到来之前，没有一个人称赞过他聪明，所有的话语都在指责他的粗俗和调皮。就是凭着继母的这一句话，他和继母开始建立友谊。也就是这一句话，成为激励他一生的动力，使他日后创造了成功的28项黄金法则，帮助千千万万的普通人走上成功和致富的道路。

由此可见，赞美一个人，具有改变人生的力量。对于职场上的人来说，赞美的力量同样不可忽视。心理学研究发现：人类本性中都渴望受到夸奖和赞美。人们总是自觉不自觉地用他人的看法和态度来衡量自身的价值，对周围的人的评价非常在乎，有一种被肯定、尊重和赞美的渴望。有时候一句夸奖的话语，会产生意想不到的鼓舞作用。莎士比亚就曾经说过："对我们的赞扬就是给我们的报酬。"马克·吐温也曾幽默地说："凭一句赞扬的话，我就可以活上两个月。"

既然赞赏在人际交往中的作用这样大，那么，当我们面对着各种性格、各种爱好的不同人群时，我们何不从对方最感到自豪的地方入手，通过对对方真心的赞美，来拉近和对方的距离，实现更加深入的人际交往呢？

严星带着考察团赴欧洲参加一场商业谈判，刚开始谈判的时候，对方的戒心很重，不但在谈判桌上寸步不让，就是平常的交往也疑虑重重，这使得谈判的氛围显得特别压抑。谈判几乎陷入停滞。但后来突然峰回路转，对方的态度一下热情起来，谈判的诚意大幅度提高，双方很快就签订了合同。很多人不明白对方为什么变化这么快，严星却心知肚明。

原来，在一次对方举行的晚宴上，严星巧遇了对方老总的妻子，严星首先赞美老总夫人当天的打扮非常得体，尤其是对她所佩戴的那枚玫瑰胸针更是赞美有加。老总夫人一听，脸笑成了一朵花，她告诉严星——这枚胸针是自己家祖传的，已经有200多年的历史了，是当时欧洲最好的金匠制作的。就这样，两人谈的非常愉快。宴会散后，老总及夫人还盛情邀请严星到她的庄园去做客。自然，后面的谈判也就顺利多了。

十几年前，华硕董事长施崇棠在宏碁科技任职时，曾自费到卡内基训练机构上了两三种课程，当时，他曾说："我最佩服国外老板的地方，在于他们很会赞美别人。"

"人类本质里最深远的驱策力，就是希望具有重要性。"美国哲学家约翰·杜威（John Dewey）说：想想，你的老板多久没有赞美你了？你又有多久没有赞美你身边的同事、朋友或家人了？

美国哲学家詹姆士也曾经说过："人类本质中最殷切的需求是渴望被肯定。"他不用"希望"、"盼望"这些词，足以说明这是人们极为需要的。人们对于渴望被肯定，绝不亚于对食物和睡眠的需要。人们渴望被肯定的本质说到底就是："渴望被重视"、"渴望伟大"。

既然人们渴望被肯定，为了搞好人际关系，我们就应给予他们这些，这样就能建立起友谊。当然我们没有汽车、金钱、地位给别人，但是我们却能够给别人我们所能给的东西，这就是："给予别人真诚的赞赏。"这是促人向上的催化剂：它能使人朝气蓬勃；它是挖掘人们内在潜力的最好的工具。

所以渴望被重视鼓舞着人们的心灵；懂得满足人类这种渴望的人，就能够和别人友好相处。著名企业家夏布说过："促使人们自身发展的最好办法，就是赞赏和鼓励……我喜欢的就是真诚、慷慨地赞美别人。"如果我们真心诚意地想搞好人际关系，就不要光想着自己的成就、功劳，别人是不理会这些的。而需要去发现别人的优点、长处、成绩，不要虚情假意地迎合，而是真诚慷慨地赞美。

赞美一个人对于培养人脉的意义不言而喻，但是，并不是所有的人都懂得如何赞美他人，甚至有的人的赞美让对方感到肉麻，觉得你不是在赞美他，而是在阿谀奉承、在拍马屁，这样的"赞美"是起不到应有的效果的。因此，赞美他人应当注意以下几点：

1. 赞美一个人，最好从赞美他曾经取得的成就或者他现实的表现开始

对于一个初次见面的人，当我们赞美对方的时候，最好先从对方已经取得的成就开始，人们都比较喜欢谈论自己取得的成就，当你赞美他的成就的时候，他很容易把你当成知己来看待，人与人之间的那层隔膜不知不觉就消除掉了。

如果你和对方陌生到连对方的名字也没听说过，那也不必慌张，你可以赞美他现实的表现，比如他广博的人际关系，比如他得当的服饰搭配，只要你善于找，总会找到合适的赞美话题的。

2. 赞美一个人，要切实把握赞美的程度

赞美他人，不是把对方捧得越高越好，不切实际的赞美是溜须拍马，会让人产生厌烦的心理。所以，当我们决定赞美一个人的时候，最好站在一个

比较客观的角度，这样会让人心里很舒服，又不会对你的人品产生反感。

3. 当你赞美一个人时，要做到"加一把火"

在赞美对方的过程中，如果你发现对方对你的赞美比较认可的时候，我们可以展开赞美的角度，在最初的赞美基础上再加一把火，通过进一步的赞美实现双方心灵的沟通。即便是对同一个赞美话题，也要注意更换不同的方式进行赞美，如果我们反反复复只是那么几句赞美的话，肯定会让对方大倒胃口。

4. 赞美因人而异

有针对性的赞美肯定比一般的赞美能收到更好的效果。如：对某些老年人来说，他们总希望别人能够永远记得他们当年的骄人业绩与雄风，在同他们交谈的时候，多谈谈他们引为自豪的过去是绝对会赢得对方的好感的；对年轻人，则不妨夸张一些来赞扬他们的创造才能和开拓精神；对于经商的人，可称赞他生财有道、头脑灵活；对于公务员，可称赞他为国为民、廉洁清正；对于知识分子，可称赞他知识渊博。

5. 做到情真意切

人们都喜欢听到赞美的话，但并非任何赞美都能使对方高兴。虚情假意地赞美别人，对方不仅会感到莫名其妙，更会觉得你奸诈虚伪。如，当你见到一位相貌平常的女士却偏要赞美她说："你真是漂亮极了。"对方肯定立刻就会认定你所说的是虚伪之至的违心之言。但如果你夸赞她的气质很好，她一定会高兴地接受。

6. 赞美要具体详实

交往中，你要善于发现别人哪怕是最微小的长处，并不失时机地予以赞美。要用具体详实的赞美来说明你对对方非常了解，对他的长处和成绩非常看重，让对方能够感到你的赞美是真挚、亲切和可信的，这样你们之间的距离就会越来越近。如果你只是含糊其辞地赞美对方，说一些"你工作非常出色"或者"你是一位卓越的领导"等空泛的赞誉之词反而会引起对方的猜疑，甚至产生不必要的误解和信任危机。

7. 赞美要适度

有效的赞美是要见机行事、适可而止，切忌夸夸其谈、言过其实。

8. 赞美要及时

生活中，"锦上添花"的事我们做得很多，对于那些早已功成名就的人我们更习惯于把赞美献给他们。但是，更需要赞美的是那些因被埋没而产生自卑感或身处逆境的人们。对他们而言，及时的赞美犹如"雪中送炭"，特别是那些平时很难听到一声赞美语句的人，一旦被人当众真诚地赞美，便更有可能振作精神，奋发图强。

做人做事黄金箴言

赞美一个人，具有改变人生的力量。给予别人真诚的赞美是促人向上的催化剂，它能使人朝气蓬勃，是挖掘人们内在潜力的最好的工具。懂得赞美一个人，满足人们对被重视的渴望，就能够与别人友好相处。

拥有"破冰"的能量

幽默通过笑的方式弥补人际间的思想鸿沟，跨越人际间的感情分界，增进人际间的信任。幽默可以使人生更加和谐美好，提高人的生活品质和工作能力。

和谐美好的人生，愉快融合的沟通氛围，是我们追求的目标。然而，事情往往不会按照我们的想法一帆风顺，生活并不一定能给予我们公正的回报。遇到这种情形，有些人会耿耿于怀，使紧张的气氛一触即发；而另一些人则会泰然处之，以幽默去消除敌意。

公共汽车上，有一位乘客与售票员发生了争吵。乘客抱怨售票员不提醒他，使他坐过了站。售票员则解释自己报了站名，是乘客自己粗心没有听见。乘客大怒，叫道："小姐，下车！"售票员不慌不忙地说："小姐不能下车，小姐下了车，谁来卖票呢？"就这一句风趣的回答立刻让乘客意识到了自己的鲁莽，忍不住也笑了。一场可能发生的冲突就这样化解了。

美国作家普里兹文曾经说过："生活中没有哲学还可以应付过去，但是没有幽默则只有愚蠢的人才能生存。"幽默，是沟通过程中的润滑剂，可以拉近人与人之间的情感距离。在这轻松一笑中，对方表明了沟通双方已经有了共同的认识、理解，这就迈出了社交中的第一步，也是非常重要的一步。

幽默既然可以让沟通如此出彩，具有如此巨大的魅力，那么我们应当怎样做才能达到这一境界呢？下面就介绍几种幽默的技巧：

1. 巧用谐音

传说纪晓岚在行舟途中，遇到一位老者，亦乘大船南下，还给纪晓岚送来一张纸条："我看阁下必是一位文士，现有一联，如阁下能对出，敝船必当退避三舍，如对不出，则只好委屈阁下殿后。"老者的上联是："两舟并行，橹速不如帆快。"这是一副语意双关联。"橹速"谐指三国著名文臣鲁肃，"帆快"暗指西汉著名勇士樊哙，一文一武，正巧构成双重含义，表面上是说橹不如帆，暗含的意思是说文不如武。纪晓岚深知此联难对，不禁冥思苦想，结果让老者扬帆远去。他到福州后，主持院试，乐声轰鸣。纪晓岚触景生情，想出下联："八音齐奏，笛清怎比箫和。""笛清"暗指北宋名将狄青，"萧和"暗指西汉宰相萧何，也是一语双关，一文一武，文胜于武，对得天衣无缝。

中国语言博大精深，通过语句词语的谐音关系，有意识地使用其双重意思，从而可以使要表达的意思"话"中有"话"。这种幽默含蓄委婉、生动活泼、风趣诙谐，能给人以意外之感。

2. 一语双关

一个卖报的小童在广场上大声叫卖报纸："惊人的诈骗事件！受骗者已达

82人。"小童的叫喊立刻吸引了一个路人的注意，他赶忙奔了过去买了份报纸，但是，他横看竖看也找不到事件的内容。这时卖报的人又在大声叫喊："惊人的诈骗事件！受骗者已达83人。"

这类哗众取宠的话语，一方面是为了招徕顾客，另一方面通过幽默的手法说出了事件的真正面目，原来真正的受骗者正是这些顾客。这种推销手法显得非常新颖、非常风趣。

3. 巧用对比

在一家帽子店里，一位女营业员滔滔不绝地向一位顾客推销店里的帽子。"这是一顶很吸引人的帽子，戴上它你会年轻10岁！""那我不买了。"这位顾客说，"如果我摘了这顶帽子又要老10岁了。"

这名顾客通过两件不相关的事，凑在一起对比产生了强烈的幽默效果。不仅可以化解自己的困境，表明了自己的意愿，而且还使对方非常轻松愉快地接受了这个事实。

4. 借题发挥

南唐时，京师大旱，烈祖问群臣："外地都下了雨，为什么京师不下？"大臣申渐高说："因为雨怕收税，所以不敢入京城。"烈祖听后大笑，并决定减税。

申渐高巧借烈祖的话，引申发挥，表达了京城税太多，应该减税的思想。这非常巧妙，效果也很好，烈祖在笑声中接受了他的意见。

5. 正话反说

有一篇名为《挤车的诀窍》的讽刺小品就正儿八经地说着反语。

朋友，你可知北京乘车之难？……上下班乘车都成了一门学问。先说上车，车来时，上策为"抢位"——犹如球场上的抢点。精确计算位置，让车门正好停在身边，可先据要津之利。当然，必须顶住！此中诀窍是："上身倾向来车方向。稳住下身，千万莫被随车涌来的人流冲走。中策则贴边。外行才正对车门，弄得拥来晃去，上不了车，枉费心力。"

无论是正话反说，还是反话正说，其目的都是通过明显的反话来形成一种意识上的对比，从而让人忍俊不禁。但是这种幽默技巧需要掌握场合，如若不然就成了非常有利的伤人武器。

6. 偷换概念

父子俩出去郊游，父对子说："要小心，此地有'五步蛇'，被它咬伤走五步就会死。""没关系，万一被蛇咬了，我只走四步就不再走了。"儿子答道。因为这个儿子偷换了概念，所以就使得这对话显得幽默风趣。

幽默是一个人的学识、才华、智慧、灵感在语言表达中的闪现，是一种"能抓住可笑或诙谐想象的能力"，它是对社会上的种种不协调、不合理的荒谬的现象、弊端、矛盾实质进行揭示，对某些反常规知识言行的描述。幽默语言可以使我们内心的紧张和重压释放出来，化作轻松的一笑。在实际运用中，我们可以因人、因时、因情、因境而异，这样幽默措辞才不至于落入俗套，更可让人为之一惊，使人喜闻乐见。

做人做事黄金箴言

幽默，是沟通过程中的润滑剂，可以拉近人与人之间的情感距离。幽默通过笑的方式弥补人际间的思想鸿沟，跨越人际间的感情分界，增进人际间的信任。幽默可以使人生更加和谐美好，提高人的生活品质和工作能力。

说话技巧大提升

说话，是人们交流思想、交流感情的最重要的工具。我们生活中的每一天，都离不开说话。说话本身看似很容易，因为3岁的小孩儿都会说话。但也是最难的事情，因为即使最擅长辞令的外交家也有说错话的时候。

说话是一门艺术，会说话的人必定知道怎样才能走进他人的心灵。生活中，会说话的人朋友多些，不会说话的人朋友少些。

因此，通过说话来观察一个人，是很直接、很准确的。说话，其实是最不能遮盖的，几句话一说，原形毕露。能够掌握说话这门艺术的人在生活中又的确很少见。有的人说话毫无顾忌，有什么说什么。这样的人，不懂得说话的艺术，属于"直肠子"型，也说明他的处世经验尚浅；有的人，说话委婉得过了头，总给人以虚伪的感觉。于是有人以为，话既难说，那就沉默是金，少说为妙。殊不知你这样的想法更加错误。

世界现代舞的创始人之一邓肯，在她的自传里曾满怀深情地写下了她的一个爱情故事：

邓南遮是一个身材矮小的丑陋男人，可是他却用自己的语言，赢得了世界上最美丽的女人——伊莎多拉·邓肯的欢心。

一次，他同邓肯在一片幽静的树林里散步。在树林的深处，邓南遮停住了脚步，深情地望着邓肯叹息地说："啊，伊莎多拉，只有与你一起在树林中散步，才能享受到这美好大自然的景色。任何别的女人都只会把景色败坏无遗，你就是这迷人的大自然的一部分，你就是这些树林，你就是这天空的一部分。噢，不！在我的心中，你就是主宰着大自然的女神啊！"听了这样的语言，邓肯不由得也从心里叹道："哪个女人能抵挡住这样的景仰般的崇奉呢？哪个女人在这样的赞美中灵魂能不融化呢？"

邓肯在她的自传里还写道：任何一个男人，如果掌握了像邓南遮这样赞美的艺术，能用语言让他喜欢的女人觉得自己是女神，那么，他所爱恋的女人大都会爱上他！

当你掌握了说话的这门艺术，当你的语言中充满着对对方真诚的欣赏和赞美的时候，你的语言便已经像是润物细无声的春雨渗入到了他人的心灵深处，对方在悄然的感动中就会慢慢地接纳你。

职场上，每个人每天都要和同事、领导交流。那么，说什么、怎么说，什么话能说、什么话不能说，这些都能够反映一个人对说话艺术的掌握程度。很多时候，有些人吃亏就是因为不懂得如何说话。

如李某性格内向，不爱说话。有一次，同事穿了件新衣服，别人都称赞"漂亮"、"合体"之类的话，可当人家问李某感觉如何时，他却说："这颜色太艳了，不适合你这年纪的穿了。"甚至还说："你的身材也太胖了。"——这样的话能不让当事人生气么？而且也使周围的同事很尴尬。久而久之，同事们怕他不知在什么时候又会冒出惊人之语，于是很少就某件事儿再去征求他的意见了。

你有没有注意到，在你的周围像李某这样不会说话的人还是很多的。他们在与人沟通的时候，总会导致不愉快的事情发生。所以，有些看重沟通能力的职位，在招聘的时候，总是会留意每个人的说话方式，以此来选择合适的人。

由此可见，谈话是人们交流感情，增进了解的主要手段。交际中，国人讲究"听其言，观其行"，把谈话作为考察人品的一个重要标准。因此在社交活动中，谈话中说的一方和听的一方都应该多加注意：

1. 尊重他人

谈话是一门艺术，谈话者的态度和语气极为重要。看看你身边那些滔滔不绝，把别人都当成了自己的学生的人；还有那些为显示自己的伶牙俐齿，总是喜欢用夸张的语气来谈话的人；还有那些时刻都是以自己为中心，一天到晚谈论的都只有他自己的人。你是否会反感呢？他们谈了半天是不是只能给你留下傲慢、放肆、自私的印象呢？

2. 谈吐文明

谈话中不能使用粗话和黑话，谈话中使用外语和方言，需要顾及谈话的对象以及在场的其他人。如果有人听不懂，那就最好别用。不然就会给他人一种你故意卖弄学问或有意不让他听懂的感觉。另外，在与多人一起谈话时，不要突然对其中的某一个人窃窃私语，这会让其他人感到非常的不自在。

3. 温文尔雅

谈话时要温文尔雅，且勿恶语伤人，讽刺谩骂，高声辩论，纠缠不休。

谈话时目光应保持平视，仰视显得谦卑，俯视显得傲慢，均应当避免。谈话中应用眼睛轻松柔和地注视对方的眼睛，但不要眼睛瞪得老大，或直愣愣地盯住别人不放。

动作方面，某些不尊重别人的举动不应当出现。例如揉眼睛，伸懒腰，挖耳朵，摆弄手指，活动手腕，用手指向他人的鼻尖，双手插在衣袋里，看手表，玩弄纽扣，抱着膝盖摇晃等。

4. 话题适宜

谈话时选择的话题过于专业，或不被众人感兴趣，应立即止住，而不宜我行我素。当有人出面反驳自己时，也应心平气和地与之讨论。

5. 善于聆听

谈话中不可能总处在"说"的位置上，也要聆听别人的话语，这样才能做到有效的双向交流。

听别人谈话，不要在他人讲得正起劲的时候，突然去打断他。参加他人正在进行的谈话，也应征得同意，不要悄悄地凑上前去旁听。

6. 富有幽默感

一个有幽默感的人，在碰到尴尬的场合，或者是僵持的局面，往往娴熟地应用一句幽默的话便能化解困局。

7. 多给他人赞美

无论小孩、大人乃至老人，都喜欢他人赞美。适当的赞美，必然会赢得他人的好感。不过赞美必须得体，否则流于谄媚，不但会引起别人的反感，还会让人怀疑你的动机。

8. 不要打听他人的隐私

（1）问他人的年龄，特别对方是女性更应当注意。

（2）问他人的薪水或财产。

（3）问他人的婚姻状况。

（4）好奇于他人身体的残障或缺陷。

（5）别人赠送的礼品，冒失地询问其价值几何。

做人做事黄金箴言

　　谈话是人们交流感情，增进了解的主要手段，谈话也是考察人品的一个重要标准。当你掌握了说话这门艺术，当你的语言中充满着对对方真诚的欣赏和赞美的时候，你的语言已经像是润物细无声的春雨渗入到了他人的心灵深处，对方在悄然的感动中就会慢慢接纳你。

交谈需要"忌口"

　　生活当中，自己所说的话被别人误解并不少见。有这样一个故事：

　　有一次，主人宴请他的朋友喝酒，结果等了半天还有一位朋友没有来。主人显得有些急躁，便自言自语说："该来的不来！"座位上有两位客人心想："可能我们是不该来的。"于是就借故离座悄悄溜走了。主人等了一会儿，那位迟到的朋友还是没有来到，回头却发现席间有两位客人已经离去了。他搓着手焦急地说："不该走的又走了。"这下，座上又有两位客人想："那么我们才是该走的了。"于是干脆借故告辞走了。主人见那位迟到的客人至今未到，已经来了的客人却一个个都离开了，于是更加着急了并不停地说："该来的没来，不该走的又走了。"听了这话，座位上仅剩下的那位客人再也坐不住了，忙起身逃之夭夭。主人本一片好心宴请朋友，但终却因为主人的话引起了客人的误解，而使得筵席未开客人却全部跑光了。

　　当然，故事中人物的言行固然有几分杜撰的色彩。但在现实生活中，由于我们不当的言词却又真的会引起他人的不悦。我们与人交谈的一个重要的目的是交流感情、表达思想、传递信息，因此，语言的准确是一切的基础，只有准确、明白地表达，才能使你的话不被误解。

那么，我们应当怎样说话才能不被别人误解呢？以下几点需要多加注意：

1. 要尽量避免使用带歧义的句子

如上例中主人说的三句话都会让人误解，如第一句"该来的不来"，使人想到"不该来的来了"；第二句"不该走的又走了"，言外之意就是"该走的没走"；第三句"该来的没来，不该走的又走了"很容易使听话者想到"我们既是不该来的，又是该走的"。因此，五位客人走的一个不剩。所以，我们在表达自己意思的时候，言语一定要说得明确，千万不要模棱两可，以免引起他人的误解。

2. 不要随意省略主语

如在一家商场里，一个男青年正在风风火火地挑选一顶帽子，售货员拿了一顶给他，他试了试说："大，大。"一连换了好几个型号的帽子，这个男青年都嘟囔着说："大，大。"最后，售货员拿过刚才递给他的一顶帽子，戴在他的头上仔细一看，不解地问道："这顶分明是小，你为什么还说大？"男青年也满脸疑惑地说："头，头，我说的是头大。"之所以造成这种狼狈结局的原因就是这位年轻人省略了他陈述的主语"头"，造成了误解。

3. 注意同音词的使用

在口语表达中由于脱离了字形，所以同音词用得不当，就很容易产生误解。如"期终考试"就容易误解为"期中考试"，所以在这时不如把"期终"改为"期末"，就不会造成误解。

4. 少用文言和方言词

不恰当地使用文言和方言，容易造成对方的误解。如有个小伙子，已经奔三十了还没娶妻，他的母亲四处托人给他介绍了一位姑娘。几天后，小伙子写信告诉母亲："女方爽约。"母亲收到信后非常高兴，她认为女方和自己的儿子的约会是爽快的，于是逢人就讲儿子现在有对象了。直到半年后，母亲要求见见那姑娘，儿子才把"爽约"给他的母亲解释清楚。母亲听后连连责怪儿子话没说清楚，试想如果小伙子当初把"爽"字改为"失"字，或许在他母亲的帮助下早就成家了。

5. 说话时要注意适当地停顿

如一群刚看完球赛的观众从体育场的大门鱼贯而出，有人问："这场比赛谁赢了？"有一个年轻朋友兴奋地说："中国队打败日本队获得冠军。"提问的人肯定会一头雾水，他不知道是："中国队打败，日本队获得冠军"还是"中国队打败日本队，获得冠军"。所以我们在与人交谈时，一定要注意语句的停顿，使人明白、轻松地听你谈话。

做人做事黄金箴言

语言的准确是一切的基础，只有准确、明白地表达，才能使你的话不被误解。

微笑是最好的名片

微笑是人际交往的第一份见面礼。越是成功的人物，他们越是注意微笑的效应。美国"钢铁大王"卡内基说："微笑是一种奇怪的电波，它会使别人在不知不觉中同意你。你的成功与失败，是跟微笑有绝大的关系的！"

有一次，在一个盛大的宴会上，有一个平日对卡内基很有意见的钢铁商人在背地里大肆抨击卡内基，说了他许许多多的坏话，当卡内基到达而且站在人丛中听他的高谈阔论的时候，他还不知道、仍旧滔滔不绝的数说卡内基的不是。

这使得主人感到非常的尴尬，他更怕卡内基会忍耐不住，当面反驳并指责对方，使这个欢乐的场面变成舌战的阵地！但卡内基却一直很安详地站在那里，脸上挂着微笑。等到那个抨击他的人发现他站在那里，反而是感到非常难堪，满面通红地闭上了嘴，正想从人丛中钻出去。卡内基的脸上仍然堆着笑容，走上前去亲热地跟他握手，好像完全没有听到他在说自己的坏话似的。那个抨击他的人脸孔顿时一阵红一阵白，尴尬异常。卡内基给他递上一杯酒，使他有机会掩饰他的窘态。

第二天，那个抨击卡内基的人亲自到卡内基的家里，再三向他致歉。从此他变成卡内基的好朋友，常常称赞卡内基，认为他是个了不起的大人物。使得卡内基的朋友都知道卡内基的笑容永远是那么和蔼，那么安详。

这是微笑的连锁反应。

著名的心理学家亚德洛在他的名著《生活对你的意义》中说："你可能没有留意到，在这个紧张异常的商业社会里，人们因为心情紧张与生活紧张，脸孔老是紧绷着，像在生了什么人的气似的——他们不懂得微笑，更不懂得放松！"

请注意你面部的笑容吧！要是你脸上经常堆着笑容，人们便会觉得你容易相处，敢于对你说出心中的话，敢于对你说出新的建议，敢于批评你在生活中或工作中的过失。这样，你才能够获得进步，才能够获得更大的财富！

英国首相丘吉尔的脾气很不好，常常开罪别人。有好些场合，为了显示自己的才能，使得别人十分难堪。有一次，一个法国记者访问他，无意说了句使他不大高兴的话，他马上变了脸，把那个法国记者奚落一番，使那记者面红耳赤地走开了。那记者随即在通讯里把他形容为一个不可理喻的野蛮人！

但丘吉尔却很善于利用脸上的笑容。他的脸孔时时都是这样松驰，显出一种自然的微笑，特别是他在吸雪茄的时候，那种笑容更为可掬。心理学家波尔博士说：丘吉尔的笑容是一种武器，它使敌人无法捉摸他的思想，使敌人在迷茫的情况下成了他的俘虏！

现在我们要问，为什么善于微笑，竟会在商场上打胜仗，竟会替自己带来一笔财富呢？

因为现代商业社会，人们习惯于紧张，终日在紧张中生活，他们的脸孔在不知不觉中抽紧了，显得死板板、毫无生气！假如你站在戏院门口，留意观察一下那些在工余时间到戏院看戏的人们。本来到娱乐场所去，脸孔便应该松弛，显出自然的微笑！不过，根据观察的结果，将会郑重告诉你，在100人之中，至少有85人以上，他们的脸孔是那样绷得死板板的！

请想想，假如在这样的场合里，你能够看到这样的笑容，你心里是否感到十分舒服呢？

微笑是人际交往的第一份见面礼，越是成功的人物，越是注意微笑的效应。善于微笑，会替自己带来一笔财富，也会在商场上打胜仗。

话说七分，留三分

客家有句俗语："人情留一线，日后好见面。"生活中很多尴尬是由自己一手造成的。其中有一些就是因为话说得太绝造成的。凡事多些考虑，留有余地，总能给自己留条后路。这在外交辞令中是见得最多的。每个外交部发言人都不会说绝对的话，要么是"可能"、"也许"，要么是含糊其辞，以便一旦有变故，可以有回旋余地。话不说满绝对是衡量一个人老练成熟的标准。

某公司新研发了一个项目，老板将此事交给了下属小张，问他："有没有问题？"

他拍着胸脯回答说："没问题，放心吧！"

过了三天，没有任何动静。老板问他进度如何，他才老实说："没有想象中那么简单！"虽然老板同意他继续努力，但对他拍胸脯的信誓旦旦已经开始反感了。

人人都讨厌空话大话连篇的人，吹得天花乱坠，实际行动却不见几分，难免让人觉得华而不实、难以信任。不如低调一点，做的比说的多，多干活儿少说话，用实际行动证明自己的价值。说话和办事就如同希望和现实，希望往往比现实更美丽，但是要知道"希望越大，失望越大"。还不如把对方的希望变得小一点，这样他们得到的惊喜也就会大一点。

也不要一味坚持把对方"赶尽杀绝"，让对方没有台阶下，这样就种下了仇恨的种子，这对你也绝不是好事。能言善辩是件好事，但是要注意说话方式，知道给人留下台阶，给对方留足面子，也给自己留条后路。

在做事的时候，对别人的请托可以答应接受，但最好不要"保证"，应代以"我尽量"、"我试试看"等词语。上级交办的事当然要接受，但不要说"保证没问题"，应代以"应该没问题，我全力以赴"之类的词语。这是为了万一自己做不到所留的后路，而这样说事实上也无损你的诚意，反而更显出你的谨慎，别人会因此更信赖你，即便事没做好，也不会太责怪你。

用不确定的词句可以降低人们的期望值，你若不能顺利地做成某件事情，人们因对你期望不高，最后总能谅解你，而不会对你产生不满。有时他们还会因此而看到你的努力而不会全部抹杀你的成绩。如果你能出色地完成任务，他们往往喜出望外，这种增值的喜悦会给你带来很多好处。

话不说满也表现在不要对他人太早下评断，像"这个人完蛋了"，"这个人一辈子没出息"之类。浪子还有回头的时候，人一辈子很长，变化还很多，你怎么能凭主观就评定别人的一生呢？

无论何时，我们说话的时候都要提醒自己，要给自己留余地，使自己可进可退，这好比在战场上一样，进可攻、退可守。这样有了牢固的后方，可出击对方又可及时地退回，自己依然处于主动的地位。这样虽然不能保证自己一定会处于战无不胜的地位，但是至少可以保证自己不会败得一塌糊涂。

说话要讲求把握分寸，给自己留有余地的原则，这需要注意以下几点：

1. 话不说过了头，违背常情常理

明代陆灼在《艾子后语》中杜撰了一个故事。艾子旅居齐国，在"战国四君"之一的孟尝君的家里做食客已经三年，孟尝君对他很尊重，视为嘉宾。后来他又从齐国回到鲁国，与季孙氏相遇。

季孙问他："您在齐国住了那么久，那么请问齐国最有德才的人是谁？"艾子说："没有比孟尝君更好的。"季孙说："孟尝君有什么德行？"艾子说："孟尝君家里有食客三千，食客们穿好的吃好的而孟尝君一点儿也不厌烦。他若不是个大好人，能做到这样吗？"

季孙冷笑了一下说："您这是在瞧不起我啊，我家也养着三千食客，难道就只有那个号称孟尝君的田文才有这个德行吗？"听他这么一说，艾子不觉肃然起敬，说："失敬，失敬，我现在才知道您也是鲁国的大贤人啊，我明日就登门造访，到您府上会会那三千食客。"季孙说："好吧。"

第二天一早，艾子洗漱干净穿戴齐整就去拜访，一走进季孙的大门，静悄悄的；到了大厅里，连个人影也没有。艾子纳闷：莫非食客们住在别的馆舍吧？过了好大一会儿，季孙才出来，艾子问他："食客在哪里？"季孙装出一副怅然若失的样子说："先生您来得太晚啦，三千食客各自回家吃饭去了！"艾子方知季孙玩了大骗局，是个死不要脸的吹牛家，打心眼里对他嗤之以鼻，嘿嘿冷笑两声走了。

凡事都有一个度，在一个别人可以容许的范围内是可以被人所接受的，但是如果超过了这个度就会给人留下把柄。牛皮你可以吹，但是不要吹的太离谱；大话你可以说，但是也不要说的太过，否则只会自取其辱。有一句话说："十句话里要有九句真话，这样说一句假话才有人信。"所以，如果假话太多，就漏了底，再也没人会信你了。

2. 话不要说得太绝对

凡事都没有绝对的，没有绝对的正确，也没有绝对的错误。因此人们对于绝对的东西，在心理上有一种排斥感。比如，当你斩钉截铁地说："事实完全就是这个样。"此时在别人心里会有疑问："难道真的一点儿也不差？"也许你的表达是事实，可是在他心里老是琢磨"难道一点也不差"的时候，他对你的话语的领悟就有点舍本逐末了。倒不如这样说："事实就是这个样子。"

因此，在谈话时，即便是我们绝对有把握的事，也不要把话说得过于绝对，绝对的东西容易引起他人的挑刺。而现实是，如果对方有意挑刺，还真能挑出刺来。与其给别人一个挑刺的借口，不如把话说得委婉一点。同时，如果我们不把话说得那么绝对，我们还可以在更为广阔的空间与对方周旋。

3. 话要说得圆润

当我们为了某个目的与他人谈话时，话就要说得圆润一些。话说得太直，会激恼对方，即便是理在己方。说得圆润一点，能给我们留下一定的回旋余地，从容地达到我们谈话的目的。

某家宾馆的服务员，发现客人马先生在结账后仍然住在房间，而这位马先生又是经理的亲戚，怎么办呢？如果直接去问马先生何时起程，就显得不礼貌，但如果不问，又怕马先生赖账。于是一位善于谈话的公关部小姐敲开了马先生的房门："您好！您是马先生吗？"

"是啊！您是？"马先生回答说。

"我是公关部的，您来几天了，我们还没有来得及来看您，真是不好意思。听说您前几天身上不舒服，现在好点了吗？"

"谢谢您的关心，好多了。"

"听说您昨天已经结账，今天没有走成。这几天，天气不好，是不是飞机取消了？您看我们能为您做点什么！"

"非常感谢！昨晚结账是因为我的表哥今天要返回，我不想账积得太多，先结一次也好。大夫说，我的病还需要观察一段时间。"

"马先生，您不要客气，有什么事只管吩咐好了。"

"谢谢！有事我一定找你们。"

这位公关小姐去找客人谈话的目的是要弄清楚客人到底是走还是不走？如果不走，就弄清楚原因。但这个问题不好开口，弄不好既得罪客人又得罪经理。她的话说得非常圆润，先是寒暄一下然后又问客人需要什么样的帮助，一副非常关心的表情，使客人深受感动，不知不觉中就说明了原因。她的话语技巧就很高超，回旋的余地很大。

人们常说"话不要说满，事不要做绝"当然是有道理的。事情做绝，不留余地，不给别人机会，不宽容别人，处理事情下狠手都是不理智的行为。无论矛盾有多深，最好都不要说出"势不两立"之类的话，否则日后万一有合作的机会，一定会左右为难，尴尬万分。时时处处留有余地是为人处世的大智慧，进可攻，退可守，这才是成功的做人之道。

说话要讲求把握分寸，给自己留有余地，使自己可进可退。时时处处留有余地是为人处事的大智慧，进可攻，退可守，这才是成功的做人之道。

永远不要去争辩

天下只有一种方法，能得到争辩的最大胜利，那就是尽量避免争辩，就像避开毒蛇和地震一样。一场争辩的终了，10次中有9次，那些争辩的人，会更坚持他们的见解，相信他们是绝对正确，不会错的。

所以争辩的结果，可能是两败俱伤，这是很危险的。

你指责别人只是剥夺了别人的自尊，并会使自己成为不受欢迎的人。

如果你直接跟他人说"你错了"，你以为他会乐意接受吗？事实的情况当然不会是这样的，因为你这样做直接对他造成了伤害，他会深深地感觉到他的智慧、判断力、荣耀和自尊心受到了深深的伤害，这反而会使他条件反射一般地想着反击你，而决不会改变他的主意。实际上，即使是在你态度最温和的情况下，想要改变别人的主意都是不容易做到的。

杰出的心理学家卡尔·罗吉斯在他的《如何做人》一书中写道："当我尝试去了解别人的时候，我发现这真是太有价值了。我这样说，你或许会觉得奇怪。我们真的有必要这样做吗？我认为这是必要的，而不是试着了解这些话。在别人叙述某种感觉、态度或信念的时候，我们几乎立刻倾向于判定'说得不错'、'真是好笑'、'这不正常吗'、'这不合道理'、'这不正确'、'这不太好'。我们很少让自己确实地去了解这些话对其他人具有什么样的意义。"

如果有人说了一句你认为错误的话，用这种句子"我也许不对。我常常会弄错，我们来看看问题的所在。"或者"是这样的！我倒另有一种想法，但也许不对。我常常会弄错，如果我弄错了，我很愿意被纠正过来。我们来看看问题的所在吧。"有些时候，这确实会得到神奇的效果。

在本杰明·富兰克林的自传中，富兰克林记述了他如何克服坏习惯，从而使他成为美国历史上最出色的外交家。

在年轻的时候，他毛躁而好辩，为此在他的身边也没有几个好朋友。但是，他的父亲却并不认为这是什么大的坏毛病。终于，他父亲的一位朋友实在不能再看着这个桀骜不驯的年轻人再这样发展下去了。一次，他把富兰克林叫到一旁对他说："哦，小富兰克林！你有没有审视过你的言行？看看你现在的所作所为吧，你的言行已经打击了每一位和你意见不同的人。你的言行使你的朋友发觉和你在一起是那么不自在。你自己感觉很博学，没有人能再教你些什么，也因此没有人打算告诉你些什么。你不可能再从你的朋友那里吸收新知识了，但你的知识又确实很有限。你必须要知道，真正赢得胜利的方法不是争论。争论要不得，甚至连最不露痕迹的争论也要不得。如果你老是抬杠、反驳，即使你能偶尔获得胜利，也永远得不到对方的好感的。"年轻的富兰克林接受了他父亲好友的善意规劝，慢慢改掉了傲慢、粗野的习惯，他变得成熟、明智了。

在他的自传当中，富兰克林这样写道："如果你老是争辩、反驳，也许偶尔能获胜。但那是空洞的胜利，因为你永远得不到对方的好感。所以，我绝不正面反对别人的意见，也不准自己太武断。我甚至不准许自己在文字或语言上措辞太过肯定。我不说'当然'、'无疑'等，而改用'我想'、'假设'或'我想象'一类的词语。即使，当别人陈述一件我认为不对的事情时，我也决不立刻驳斥他。我会在回答的时候，表示在某些条件或状况下，他的意见没有错，但在目前这件事上，看来好像稍有不同等。我很快就发现现在凡是我参与的谈话，气氛都变得融洽多了。"

纵观那些在人际关系中纵横捭阖的"高手"们，他们总是能够游刃有余地运用这一技巧。美国威尔逊总统任内的财政部长威廉·麦肯铎，将多年政治生涯累积的经验，归结为一句话："靠辩论不可能使无知的人服气。"美国历史上最伟大的总统之一林肯，有一次斥责一位和同事发生激烈争吵的青年军官时说："任何决心想有所作为的人，决不肯在私人争执上耗费时间。在跟别人正误参半的问题上，你要多让一点步；如果你确实是对的，就少让一点步。总之，不能失去自制。与其跟狗争道，被它咬一口，不如让它先走。就算宰了它，也治不好你的咬伤。"

因此，你自己要权衡一下：你宁愿要那样一种字面上的、表面上的胜利，还是别人对你的好感呢？如果你不能作出正确的抉择，那么争论的结果，大多会使双方比以前更相信自己是绝对正确的。在实际的效果上，你也是最终赢不了争论的。你要是在争论中输了，当然你就输了；如果你赢了，还是输了。因为对方的论点被攻击得千疮百孔，被你证明的一无是处，那只能会使对方自惭形秽并使他的自尊心受到伤害，甚至会由此对你产生怨恨。也正因为如此，潘恩互助人寿保险公司立下了一项铁的规则："不要争论。"在他们看来真正的交流不是争论，人的心意是不会因为争论而改变的。

做人做事黄金箴言

争辩的结局就是失败，是两败俱伤；也许你认为获得了胜利，那只是空洞的胜利，因为你永远得不到对方的好感。任何决心想有作为的人，绝不肯在私人争执上耗费时间。

人人都爱面子

在与人相处时首先要做到的就是尊重对方，使对方有一种自尊感和自重感，这一点对于我们是否能和别人愉快地、融洽地相处有着至关重要的作用。实际上，别人这种自尊感和自重感就是我们平时所说的"面子"。因此，在这里必须要向各位再一次强调这一点，保全别人的面子是很重要的。

可是，不得不遗憾地说，这似乎并没有引起大多数人的注意。人们更乐于直接指出别人的错误，采用一种践踏他人情感，刺伤别人自尊的方法来满足自己的虚荣和自尊。很多人都很少考虑别人的面子，他们更喜欢挑剔、摆架子或是在别人面前指责自己的孩子或是同事，而并不是认真考虑几分钟，说出几句关心他们的话。事实上，如果我们能够设身处地地为别人想想，然后发自内心地对别人表示关心，那么情景就不会那么尴尬了。

几年前，著名的通用电气公司曾经碰到过一个非常棘手的问题，因为他们不知道该如何安置那位脾气古怪、暴躁的计划部主管乔治·施莱姆。通用公司的董事们必须承认，乔治·施莱姆在电气部门称得上是一个超级天才。

对于他来说，没有什么是不可能的。董事们非常后悔，后悔当初把乔治调到计划部来，因为在这里他完全不能胜任自己的工作。虽然有人提出直接告诉乔治这个调换职位的决定，但公司的董事们并不愿意因此而伤害到他的自尊，因为他毕竟是一个难得的人才，更何况这个天才还是一个自尊心非常强的人。最后，董事们采用了一种很婉转的方法。他们授予乔治一个公司前所未有的新头衔——咨询工程师。实际上，所谓的咨询工程师的工作性质和乔治以前在电气部门的工作性质完全一样。但是，乔治对公司的这一安排表示非常满意，没有向上级部门发一点的牢骚。这一点，公司的高层领导非常高兴，因为他们庆幸自己当初选择了保留住乔治面子的做法，否则这位敏感的大牌明星准会把公司闹个底朝天。

可见，有些时候批评他人或是惩罚他人并不一定非要直白地进行，我们完全可以委婉地、间接地达到自己的目的。如果能够在保住别人自尊的情况下指出别人的错误，也许他们更能够接受你的意见。

诸如解雇员工这样的事情其实并不是一件轻松的事情。戴尔·卡耐基的朋友苏菲曾经给他讲起她的经历：

"会计师这一职业是有季节性的，因为我们的业务就是这样，我不可能在没有业务的情况下雇佣那些有能力的会计师们。"苏菲有些无奈地说，"说真的，戴尔！你知道吗？解雇一个人并不是什么十分有趣的事，事实上我也知道，被别人解雇更是一种没趣的事。但是我没有别的选择，我必须在所得税申报热潮过后，对很多人说抱歉。其实，我们都不愿意面对这样的现实，我们这一行还有一句笑话：没有人愿意抡起斧头。是的，谁也不愿意去解雇任何人。不过，做我们这行的都知道，自己迟早是会面对的，躲是躲不过去。因此，大家似乎都已经变得没有了感觉，心里只是希望能够早一天赶走这种痛苦。大多数时候，人们都会以这样的方式说话：'你知道，现在旺季已经过去了，所以我们没有再继续雇用你的必要。你放心，当旺季再一次来临时，我们还会继续雇用你，所以你只好暂时失业。'这对于别人来说真是太残忍了，而且往往那些人不会再回来为你工作。因此，我从来不对人这么说。"

卡耐基对苏菲的话非常感兴趣，追问道："那么你是怎么和那些会计师们说的呢？"

苏菲有些得意地说："我从不做这种伤害人自尊的傻事，当我不得不去解雇某些人时，总是委婉地说：'某某先生，您的工作做得非常好，我也非常满意。我记得有一次您去纽约，那儿的工作简直太令人厌烦了，可是您却把它处理得井井有条。我真难想象，您居然一点差错都没出。我希望您知道，您是我们公司的骄傲，我们对您的能力没有一丝的怀疑，我希望您能够永远地支持我们，当然我们也会永远地支持您。'"

"然后呢？"卡耐基不解地问。苏菲笑了笑说："然后就给他结了账，让他离开了。事实上，作为一名会计师，每个人都非常清楚，到这个时候自己肯定会面临失业。他们在面对本来就会发生的事情的时候，更希望获得的是一份尊严。我给了那些会计师们尊严，而他们也非常乐意再一次回到我们这里帮我继续工作。"

大概你已经体会到了保留他人面子的重要性。是的，它往往会使你得到意外的收获，也会让你的人际关系变得融洽、自然、和谐。

有些人可能会认为这是在危言耸听，我们不去保留他人的面子，无论如何也不能说就毁了一个人。事实上，这并不是在故意地夸大其辞，因为如果你有意地伤害了别人的自尊，那么真的有可能使他永远不能回头。我们必须牢记这一点，即使别人犯了什么过错，而这时我们是正确的，我们仍然要保留他们的面子。因为如果不那样的话，我们有可能毁掉这个人。

做人做事黄金箴言

保留别人的面子，往往会使你得到意外的收获，也会让你的人际关系变得融洽、自然、和谐。即使别人犯了什么过错，而这时我们是正确的，我们仍然要保留他们的面子。因为如果不那样的话，我们有可能毁掉这个人。

这样说话招人爱听

有一位助理，他刚从校园走出来，没有任何工作经验。可是他在与人交流、沟通中总能赢得别人的高度认同，让领导、让同事、让朋友、让客户都很喜欢，原因来自于所讲的话永远站在对方的角度考虑，更重要的是听起来很入心。

说话要注意场合。人总是在一定的时间、地点和条件下生活的。不管一个人是多么会说话，都必须注意说话场合，不看场合，随心所欲，信口开河，想到什么就说什么，这是"不会说话"的人的一种拙劣的表现。

有一位先生尽管也是非常有才华，但是由于其个性直言不讳，使得他好像永远都无法与他人和平共处，并总是在无意之中伤害他人的感情，这一切完全抵消了他努力想取得的好结果，而且他也一直都在不断地得罪和冒犯他人。

固然"良药苦口利于病，忠言逆耳利于行"，在这个世界上我们需要说真话，但如果这种真话你说得不恰当，还不如不说好。其实，良药未必苦口，忠言未必逆耳，我们需要做的就是把话换个说法来表达罢了。

德皇威廉二世派人将一艘军舰的设计图交给一位造船界的权威人士，请他对这份图纸评估一下。他还在所附的信件上告诉对方，这是他花了许多年、耗费不少精力才研究出来的成果，希望对方能仔细鉴定一下。

几个星期之后，威廉二世接到了这位权威人士的报告。这份报告附有一叠十分详细的分析推论。文字报告是这么写的："陛下，非常高兴能见到一幅如此美妙的军舰设计图，能为它作评是在下莫大的荣幸。可以看得出来这艘军舰威武壮观、性能超强，可说是全世界绝无仅有的海上雄狮。它的超高速度前所未有，而武器配备可说是举世无敌，配有世上射程最远的大炮、最高的桅杆；至于舰内的各种设施，将使全舰的官兵如同住进一间豪华旅馆。但这艘举世无双的超级军舰还有一个小缺点，那就是如果一下水，马上就会像一只铅铸的鸭子般沉入水底。"

本来就是票友性质的威廉二世，看到了这份报告，不禁笑了。其实这位造船界权威人士的意思就是这张设计图根本是张废纸。但他如果直言不讳地说："陛下，你的设计图一点也不实用，只是一个空架子。"结果会怎么样呢？你用脚趾头想都知道了。

由此不难看出，一句话就可能决定一个机会，甚至决定一个人的一生。说话要掌握分寸，否则很容易得罪他人，给自己留下遗憾。

一般来说，说话分寸掌握不准大致表现在以下几个方面：

1. 说话不看对象

俗话说"见什么人说什么话，到什么山唱什么歌"。我们说话，是要给听众听的，所以就必须考虑到对方的好恶、情绪和接受程度。

孔子带着他的几名学生出外讲学、游览。一天，孔子一行人来到一个村庄，他们在一片树阴下休息，不料，孔子的马挣脱了缰绳，跑到庄稼地里去吃了人家的麦苗。一个农夫上前抓住马嚼子，将马扣下了。

在孔子的学生中，子贡一贯能言善辩。于是他便自告奋勇地上前企图去说服那个农夫，争取和解。可是，他说话文绉绉，满口之乎者也，天上地下，将大道理讲了一遍又一遍，可农夫就是听不进去。

这时，一位刚刚跟随孔子的新学生看到子贡与农夫僵持不下的情景时，便对孔子说："老师，请让我去试试看。"

于是他走到农夫面前，笑着对农夫说："你并不是在遥远的东海种田，我们也不是在遥远的西海耕地，我们彼此靠得很近，相隔不远，我的马怎么可能不吃你的庄稼呢？再说了，说不定哪天你的牛也会吃掉我的庄稼呢，你说是不是？我们该彼此谅解才是。"

农夫听了这番话，觉得很在理，于是将马还给了孔子。旁边几个农夫也互相议论说："像这样说话才算有口才，哪像刚才那个人，说话不中听。"

2. 说话不合时宜

生活中我们常遇到类似的"高人"：他们平时说话一套套的，怪话、闲话、淡话、不着边际的话说起来滔滔不绝，可你一旦把他推上前台，让他发挥自己会说、能说的特长时，他们却不讲了，这怎么可能给人留下好印象呢？

人寿保险业务员小吴听说邻居的一位老人正在过70大寿，于是兴冲冲地買好了礼物前去祝寿，在酒席上，小吴先是大大恭维了老寿星一把，然后拿出自己的保险单子，想借机给老人家介绍一下。

老人家不好驳他的面子，于是耐着性子听下去。小吴从当前的经济形势谈到了养儿难防老，谈到了老年人易患的多种致命性疾病，谈着谈着，小吴被老人的儿子打断了，老人的儿子客客气气地把小吴拉到身边，小声地询问保险的有关问题，小吴特别高兴，刚要继续讲下去，老人的儿子一把把他的资料夺了过去，小声说："您先走吧，再不走我可要跟你急了！"

3. 说话口无遮拦

把握好说话的分寸，我们首先要做到的就是"三思而后说"。在交际场合，我们要认真倾听对方的谈话，在倾听的同时开动脑筋，考虑好怎样回答比较得体。其次，我们要熟知一些谈话的禁忌，避免造成尴尬。第三，要注意谈话对象的整体素质，最好谈论双方都感兴趣的话题，这样可以有效地避免谈话成了一言堂，或者你说你的，我说我的，最后说到分道扬镳为止。

做人做事黄金箴言

一句话可能决定一个机会，甚至决定一个人的一生。说话要注意场合、讲究分寸，否则很容易得罪他人，给自己留下遗憾。

倾听是沟通的金钥匙

倾听是交流的另一个方面。当然，倾听也不是简单地听，积极的倾听就是积极的抓住、理解说话的内容以及暗含的意思。作为一个合格的积极倾听者，你必须要向别人证明你自己对他是真正感兴趣的。

有人说：沉默是金，其实并不是说沉默本身如何珍贵，如果只是呆呆地作若有所思状，对别人的说话、动作没有任何反应，并不是"金"，反而会被人认为是冷漠或高傲。真正令人"闪闪发光"的沉默就是积极的倾听，要尽可能地与对方产生共鸣。美国的艺术家安迪渥荷曾经告诉他的朋友说："我自从学会闭上嘴巴后，获得了更多的威望和影响力。"

可见，倾诉和倾听是相互的。每个人都有向他人倾诉自己内心世界的愿望，通过倾诉，可以使自己的心理压力得到释放，可以使自己的心灵得到极大的安慰。倾听则是探知他人内心世界的一把钥匙，是获得朋友信任、拓展人脉的一种手段。但在现实中，有向别人倾诉欲望的人很多，但是能够倾听别人倾诉的人却不多，这也就导致了很多原本可以成为知心朋友的人最终形同陌路。

一位外交官的太太曾细述她丈夫初入外交界，带她出去应酬时的情形。她说："在那些场合真是活受罪。因为我本身是个小地方的人，而满屋子都是当时的社会精英人物，他们不但口才奇佳，而且大多也都周游过世界的很多地方。"

一次宴会上，她终于向一位还算熟悉的外交家吐露了自己的问题。这位外交家笑呵呵地对她说："其实，每个人说话都要有人来听。因而，善于聆听的人在宴会中同样受欢迎，而且这也是一项难能可贵的品质。"

从上面这个例子可以看出，少发言，多听别人说话，同样是一门可以给自己带来好处的学问，也值得你去研究一下。聆听也能促进你的思考能力的提高，更能让你认识到每一个人的内心世界。倾听，如此好处多多，何乐而不为呢？

当然，倾听不是简单地竖起耳朵听，倾听是要用心去听。善于倾听是一种美德，是理解、是尊重、是接纳、是期待、是分担、是共享快乐，因此倾听的意义远不只仅仅给了别人一个表达的机会。倾听的实质是放下倾听者的架子，用温暖的笑脸去面对说话者，加强彼此的沟通和交流，获得对方的喜欢与信任，从而走进对方的心灵。

世界最著名的影剧记者伊撒克·马士逊曾明确指出，世上许多人之所以不能留给人良好的印象，正是因为他们不能耐心地做个好听众，"由于他们只关心自己接下来要说的话，所以根本不肯耐心地去听人家把话说完……"人们喜欢的是肯耐心听别人说话的人，而不是那些争着要发表自己高见的人。而学会听人说话这门艺术，却不能一步登天，真正懂得它的人，毕竟是少之又少。

因此，如果你想学好谈话这门课程的话，便要记住：基本功夫就是先做一个好的倾听者，鼓励别人谈他自己。

生活中，在很多人的印象里，他们认为听是一种被动的行为，如果他们不参与到谈话中去，可能还会有一种莫名其妙的失落感。其实，倾听并不是一种消极的行为，它是一种积极的行为。听者对于交谈的投入绝不亚于说话者。人们不能真正去听的原因是如果他们这样做了，他们就不得不受外界新信息的影响，他们必须面对别人对世界的看法。在这些新知识和新感悟的基础上，他们就必须改变他们自己的观点和已经形成的看法。而对很多人而言，他们是不愿意改变他们一直以来的思维方式的。他们认为回到自己驾轻就熟的东西总比去实验新的东西要安全稳当得多。但是，我们如果不能去听懂他人，我们是不可能进步。

良好的沟通也需要有良好的获取信息的能力，也需要有娴熟的发送信息的能力。一个出色的上班族会不论等级去接触每个必要的人，并且认真积极地听取值得听取的东西。这可以为你提供大量信息，也可以使你获悉你的行业、你的上司、客户及员工需要什么，你也会因此而获得友谊、忠诚和合作。

生活中，那些只知道谈论自己的人，所想到的也只有自己。而"只想到自己的人，是不可救药的未受教育者"。哥伦比亚大学校长尼可拉·斯巴特勒博士下这样的结论："他没有受过教育，不论他读过多少年的书。"

因此，如果你要别人喜欢你的话，请记住这条规则："做一个好的听者。

鼓励他人谈论他们自己。"正如查尔斯·诺山李所说的:"要令人觉得有趣,就要对别人感兴趣。"提出别人喜欢回答的问题,鼓励他谈谈他自己和他的成就。

我们可以想象出一个倾听者的姿态——就那样安详地坐着,眼睛盯着你的面庞,表情随着你的快乐而快乐,随着你的痛苦而痛苦,他很少说话,但每一句话都说在了你的心坎上,每一句话都激发起你更多的倾诉愿望。你诉说着,情感的闸门猛然提起,万般的委屈、千般的思绪,就像河水一样奔流而出!

倾听就是这样一种姿态,是一种与人为善、心平气和、谦虚谨慎的姿态。这种姿态,能使你倾听到最真实的话语,接触到最现实的答案。

既然倾听的作用如此重要,那么,我们应该如何学会倾听呢?

1. 培养自己倾听的愿望,形成倾听的习惯

在交谈的时候,不要处处以个人为中心,要给对方足够的时间来倾诉,倾听的时候,不能左耳朵听右耳朵冒,而是要诚心诚意地耐心地倾听,无论对方说得是对还是错,都要听明白以后再发表自己的意见。这不仅仅是倾听的技巧,也是对人的一种礼貌和尊重。

2. 控制自己情绪

对方在向你倾诉的时候,有些话题你很感兴趣,有些话题可能会让你趣味索然;有些话题可能关系到你的切身利益,有些话题可能和你毫不相关;有些话题攻击的可能是你和你的朋友,有些话题可能出于愤世嫉俗。这些话题对你来说是有区别的,但对于倾诉者来说,它们同样重要。所以,我们不能以我们的好恶来决定应该重点听哪些内容,更不能把自己的情绪反映到自己的脸上。

3. 掌握引导的技巧

一个人絮絮叨叨说很长时间,自己也会感到疲惫的,我们可以适时将对方的话题引向深入,这一点在对方情绪激动的时候尤为重要,倾听不是只听却不参与对话,而是要通过你简洁的对话让对方把心里话说出来,这里面

就需要我们把握住引导的时机，充分利用引导的技巧，让谈话变得真诚而有效率。

做人做事黄金箴言

　　倾听是探知他人内心世界的一把钥匙，是获得朋友信任、拓展人脉的一种手段。倾听是一种与人为善、心平气和、谦虚谨慎的姿态。这种姿态，能使你倾听到最真实的话语，接触到最现实的答案。

第三章
绘出一张人际关系网络图

妥善处理好职场上的人际关系，是职场人做好工作、健康发展的基础和前提。进入职场，首先要处理好的就是与人的关系。职场人际关系十分微妙复杂，稍有不慎，就会陷于被动，可以说每个在职场上摸爬滚打过的人都会对此深有感触。而及时检讨、反省自己的行为，并绘制一张人际关系网络图，不失为一种明哲保身，增强生存能力的好方法。

挖掘身边潜伏的贵人

生活中，贵人有很多种，在生活上挂念你、关心你、照顾你的是你的贵人，如你的父母、妻子；在事业上扶持你、帮助你、提携你的是你的贵人，如你的同事、上司；在人生旅途上引导你、鞭策你甚至为难你的，都有可能是你的贵人，如你的榜样、对手等。

社会学家曾做过一次调查，调查的对象是各个行业的中高层主管，调查的内容是在他们成为中高层主管的过程中，是否得到过他人的栽培和提拔。

调查结果表明：凡是做到中、高级以上的主管，有90％都受到过栽培，至于做到总经理的，有80％遇到过贵人，自己当老板创业的，竟然100％的人都曾被人提拔过。也就是说，很大一部分成功，都要归功于"贵人相助"。

一个人在工作和生活中有贵人相助是件很幸福的事，在你刚刚踏上工作岗位时，有热心的亲戚朋友们给你指点迷津；当你生活中遇到了种种不如意的时候，有可以交心的铁哥们陪你开心解闷儿；当你埋头苦干试图打出一片属于自己的天地时，有慧眼识珠的领导推荐提拔你……这会使你的人生中少走很多弯路，也更容易获得成功。

生活中，其实贵人无处不在。但有些人却常常感觉孤立无援，以至于出现"拔剑四顾心茫然"的窘境，这样的状态固然跟不善于经营人脉有很大关系。要么是你没有把贵人看成贵人，要么是你没有把"贵人"放在你人脉圈的重要节点上。

在韩国有这样一个小伙子：他曾受到过良好的教育，但家境贫寒。在他20多岁的时候，他遇到了人生第一次重要的选择。当时他可以选择去美国当外交官，也可以选择去印度。去美国自然是风光无限，但是消费水平高，他需要挣钱补贴家用，所以他选择去了发展中的印度。

虽然目的地不是太称心，但这个小伙子到任后很快以自己的才气，引起了韩国驻印度总领事卢信永的注意，他发现这个小伙子谈吐不俗，思路缜密，办事沉稳，很多棘手的问题到了他手里都会迎刃而解。

卢信永非常看好这个小伙子，并牢牢地把他记在自己的脑海里。当然，在这个过程中，小伙子也意识到了一个问题：卢信永表面冷漠，内心热情，更可贵的是他有极其丰富的外交经验，并乐于向自己传授。

所以，这个小伙子更加谦虚地向卢信永取经，也更加卖力气地四处奔波，把领事馆的各项事务打理得井井有条。后来，卢信永担任了韩国国务总理，他首先想到的是十几年前在印度一起共事过的那个小伙子，立即把他推荐到了总理府工作，后来更破格提拔他担任了总理礼宾秘书、理事官。

小伙子的职务像坐了直升机一样，以至于他不得不为自己跑得太快而向自己的前辈、亲友和同事写信道歉："我晋升太快，很抱歉！"不过道歉归道歉，他依然继续高升，虽然也经历了一些坎坷，但他最后还是登上了联合国秘书长的讲台，他就是潘基文。

卢信永就是潘基文一生中的贵人，如果没有卢信永这个伯乐，潘基文这匹千里马或许就会被埋没。但是，在这个过程中，潘基文并非被动地等待着被发现，而是靠自己的实力积极主动地去争取让贵人发现自己。

曾经有人把"贵人相助"归结为命中注定，认为贵人是老天可怜某个人才会降下贵人来帮他，这样的想法有些过于偏颇了，而且把自己不能成功的原因完全归结于天命，这是一种逃避现实、掩盖自己缺点的想法。机遇不是天上掉下来的馅饼，机遇也不会光顾没有准备的人的。

现在的你也许只是一个默默无闻的小角色，跟成功人士有天壤之别，但是对于一个善于经营人脉的人来讲，这也并非是遥不可及的事情。当机会一旦落到你的面前，你就要牢牢抓住，用自己的真诚和付出让人脉苗壮成长。

1998年，内蒙姑娘娄晓颖因家庭贫困赴京打工，从事家政服务工作。特别幸运的是，她被分配到了央视主持人倪萍家里做了保姆。

在做保姆的日子里，娄晓颖尽职尽责做好自己的工作。为了照顾好倪萍的孩子，高中没毕业的她专门学习了照顾幼儿所需的各种知识，把孩子照顾的无微不至，这让倪萍外出工作非常放心。

娄晓颖的辛勤付出当然得到了倪萍一家的赞赏和感激，最后由倪萍推荐她报考了中央财经大学成教学院，并且负担了她的一切学习费用。最终，这个从大草原走出的女孩成为了北京协和医院的一名护士。

无疑，娄晓颖的个人成功和倪萍的倾心帮助有着很大的关系。但是，在生活中并不是每一个名人家的保姆都能获得这样的成功。假如娄晓颖没有真诚地付出，等待她的极有可能是一纸解约书，而并非一张火红的聘书了。

由此可见，要想得到贵人的热心相助，你必须要注意以下几点：

1. 一定要对对方的底细了如指掌

《孙子兵法》中说，知己知彼，方能百战百胜。你想跟一个可能日后对你的事业产生重大影响的关键人物交往，之前一定要将他的"底细"了解透彻，当然了人家的隐私你要视为避讳。你要了解的是他的身份、地位、特长、爱好等，他的亲人、朋友等亲近人物最好也了解一些，这样才能方便你找到与之接近的切入口。

2. 要注意和贵人交往的方式、方法，做到不卑不亢，知恩图报

一个人在一生中总会遇到贵人的，贵人往往在知识、技能、经验、人脉等方面有超过你的地方，对于这些，我们应该谦虚谨慎地学习，但注意不要过度地恭维，不要到了溜须拍马让人感到肉麻的地步。同时也要注意的是，贵人在帮助你的过程中，也许会有一点点私心，他们的底线只是需要你记住他们帮助过你而已，但如果你一旦功成名就就立刻变脸不认人，做了"念完经打和尚"，"吃饱饭骂厨子"，"学会手艺饿死师傅"的主儿，恐怕你离碰壁就不远了。

3. 要注意把自己也培养成一个贵人，以帮助别人为荣

帮助别人能使你获得更多的支持，互帮互助会使你的人脉更加巩固发达，要像贵人帮助你那样去帮助确实值得帮助的人，这样你得到的，除了心

灵上的满足之外，还会有许多你意想不到的收获。

4. 不要以贵人相助获得成功作为终点站，而要把它作为新的起点

有的人处心积虑，终于到达了人生事业的巅峰，从那以后就不思进取，沉醉在自己成功的喜悦之中不能醒来，这是很危险的，不仅会让帮助你的贵人大丢颜面，更有可能让你跌下深渊，摔得很惨……

做人做事黄金箴言

贵人是你一生中必不可少的，他是你身边的伯乐，指引你前进的方向，可以使你的人生中少走弯路。贵人并不是等来的，是需要你靠自己的实力主动争取的，要善于挖掘身边的贵人。

学会与不同的人相处

"世界上没有两片完全相同的树叶。"对于个人来说也是如此，世界上没有两个性格完全相同的人，每个人都有不同的性格脾气、不同的生活方式。在现实生活中，有些同事是很难相处的。要想与不同类型的同事和谐相处，就必须根据对方的性格特征，运用不同策略，有的放矢，才能达到与对方友好交往的目的。掌握好这门艺术，可以让你在职场当中进退自如，如鱼得水，掌握不好这门艺术，就可能造成你举步维艰，众叛亲离的下场。

1. 应对脾气急躁的同事

脾气急躁的人往往有着一颗简单而善良的心，他们的眼里揉不得半点沙子，但是他们却往往容易被事情的表面现象所蒙蔽双眼。因此，在工作中对于这样的同事你必须要有适度的包容和理解，要相信他们并没有恶意。即使当他们冲你发火的时候，也不要着急解释，最好的办法是和他坐下来，喝杯清茶，让他的火气消一消，然后再和他谈论具体的争论的事情，这种方法往往最能奏效。

2. 应对"死板"的同事

这类人与人相处多十分冷漠，毫无热情，行动上往往我行我素，从不顾及别人。在工作中尽管你客客气气与他寒暄打招呼，可他的反应却总是爱理不理，不会做出你所期待的热切回应。同这类同事共事，确实让人感到不舒心、不自在，好像有什么对不住他的地方。

不过同这类同事处世也并非无迹可寻，只要你多花些工夫，仔细观察、注意他的一举一动，从他的言行中，找出他真正关心的事情。一旦你触及他所热心的话题，对方很可能会一扫往常那种"死板"的表情，而表现出相当大的热情。并且在交往的过程当中如果你能够设身处地为他们着想，维护其利益，就会逐渐使对方接受一些新的事物，从而改变和调整他们的心态，这样，你就可以取得交往上的成功。

3. 应对争强好胜的同事

爱争强好胜的同事在工作中间总是喜欢竞争，总是想方设法挤兑人，甚至不择手段地打击人，在他们的眼里周围的人都成了他们竞争的对手。不管你们在一起干什么，他总要不惜一切代价非赢不可。而且这些争强好胜的同事有时也容易走极端，这样就可能由于长期身心疲惫而累垮自己，给工作带来不利影响。

同这样的同事相处，要注意正确对待对方的荣誉。在工作中，他坚决不能允许任何人将自己独立或合作完成的工作成果划在他人的功劳簿上，你必须要坚持这个原则。与这种同事相处要光明磊落，保持气度，在工作中也不要太过斤斤计较。要知道，对于那些爱争强好胜的同事来说，你只要满足了他的这种心理欲望让他感到自己的重要性，他就不会把你看成对手，通过贬低你来抬高自己了。你就可以较容易地和他相处并汲取其最佳见解，从而形成新的、更有价值的工作方案。

4. 应对性格多疑的同事

在工作中，这部分人在没有弄清你是否可靠之前，他们是不会向你表态的。他们为人处世总是小心翼翼，唯恐一时大意而落入别人设置的圈套。

和这样的同事相处要注意以诚相待，耐心温和对待他们，给他们一段改进的时间。同时还要多给他们讲解同事间相处的技巧，鼓励其与大家多接触、多沟通，减少对别人的防范，做决定要果断等。当然，在必要的时候，也要直言相告，更加仔细地分析双方的共同利益和个人利益所在。只要让对方相信你是以诚相待，对方也必定会做出相应改变，工作当中就会多一些信任和团结。

5. 应对孤高自傲的同事

工作中这类同事多自命清高、目中无人，常表现出一副"唯我独尊"的样子。像这样有孤高自傲性情的人，是不太爱与他人相处的。他们"恃才傲物"，仗着自己才高，目空一切，有时甚至玩世不恭，对谁都不在乎。

与这类同事相处，首先就要相信他们，对他们表示信赖，并在适当的时候、场合给他一点取胜的机会，让他把自己的自信心充分建立起来，让孤高自傲者养成一个良好的习惯，以代替那种满足自己虚荣心而表现出来的盛气凌人的傲慢态度。

6. 应对尖酸刻薄的同仁

这类人在和别人争执时往往丝毫不留余地挖人隐私，同时冷嘲热讽无所不用其极，让对方自尊心受损、颜面尽失。而且，这种人还有一个特点就是他们非常热衷于以取笑同事、挖苦老板为乐事。

与这类同事相处，当他们发飙时你必须要有足够的勇气和智慧勇敢地对抗对方的侮辱而又不至于反唇相讥，其实这实在不是一桩容易的事。此时你可以严肃地向对方反问："你想伤我的心，可有什么原因？"或者："你知不知道，你的话别人听来有什么感受？"

7. 应对傲慢无礼的同仁

傲慢无礼的人谈话和行为方式都会表现出咄咄逼人的气势，而且这类人在和你交谈之前多是有备而来的，或是对自身条件估计得过于充分。他们通常对你的要害部位实施猛烈攻击，使你十分被动，而无招架之力。

与这类同事相处，使用"反守为攻"的策略，这是使自己能站稳脚跟的最佳方法。只要你注意观察瞅准时机，一旦其锋芒收敛，想喘息、补充的时候，这就是你反守为攻的时机了。

8. 应对搬弄是非的同事

职场中这类人总是在背后说别人的坏话，无事生非，故意找借口与人争执。他们似乎总喜欢嘟嘟囔囔，似乎对什么都不满意，无论大事小事，都是牢骚满腹。

与这类同事相处，需要谨记一点，那就是对闲言碎语要不听、不信、不传。有时候，尽管你听到关于自己的是非后感到愤慨，仍须努力控制自己的情绪，保持头脑冷静、清醒。这样，对方就会感到没有空子可钻，日后也大多不会再来自讨没趣了。

9. 应对自私自利的同事

自私自利的同事大多心中只知道照顾自己的利益，心口中只有自己，凡事都将自己的利益摆在前头，从不肯有所牺牲。

应对这样类型的同事，要坚持公私分明、公事公办的原则。同仁相处久了，自然会有感情，不论产生的是好感或是恶感，都很容易影响人的判断能力。特别是自私自利的同仁，为了谋取更多的自我利益，他们会经常变相地恭维你，赢得你对他的好感，以便从中占取公司的利益。这时，你就要小心警惕了，你最好以一个第三方的身份来处理公私关系，才能真正地坚持公私分明这个原则。

10. 应对口是心非的同事

这类型的同事多在表面上把你夸奖一番，但其真实目的在于含而不露地羞辱、贬低你。

在工作中，当这类同事在称赞你或恭维你时，你必须要仔细甄别一下那些话是真是假。对于那些善意之辞你可以轻松快乐地接受；对于含有恶意的言词，不予理会或奋起反击。与这类同仁谈话时，要保持泰然自若，抓住主动权不放。

11. 应对爱挑拨离间的同事

这类人在工作中往往无中生有地挑起一些是非，以离间他人关系为目的。他们大都喜欢在暗处偷偷摸摸，阴一套阳一套，用种种卑鄙的方法离间别人，挑起别人之间的矛盾。等到被离间者相互争斗时，他们就从中获利。

应对这样类型的同事，就要求当事人在听到挑拨离间的话语时，要记住保持冷静，不信、不传，这样自会使这部分人感到无趣而罢手。

12. 应对城府太深的同事

这类人一般对身边的事物都有深刻的见解，但是不到不得已的时候，他们是绝对不会轻易发表自己的意见。这种人一般都工于心计，总是希望能够更加深入地了解对方，从而能在交往中处于主动的地位，在各种矛盾中能够永远立于不败之地。

同这样的人打交道，你必须要有所防备，不要让他们掌握你的全部秘密和底细，更不要被他们所利用，以防陷入他们制造的陷阱之中不能自拔。

13. 应对打"小报告"的同事

这类人多为了与他人竞争，常采取不正当的形式，向上级打"小报告"。这样的行为无疑对同事间的关系、上下级关系以及工作效率和工作氛围都会产生非常恶劣的影响。

与这样的同事打交道，要明确"先发制人"策略是处理"小报告"的一种极为有效方式。同时对于爱打"小报告"的同事，采取针锋相对的斗争策略也是必要的。当"小报告"成了公开材料，并且有事实与之参照，"小报告"的作用便被大大限制了。

做人做事黄金箴言

如何很好地与不同的人相处是一门艺术，掌握好这门艺术，可以让你在职场中进退自如，如鱼得水，掌握不好这门艺术，就可能造成你举步维艰，众叛亲离的下场。

建立自己的关系网

美国有句谚语说得好，"每个人距总统只有6个人的距离。你认识一些人，他们又认识一些人，而他们又认识另外的一些人……这种连锁反应一直延续到总统的椭圆型办公室。而且，如果你仅仅距总统6个人的距离，那么你距你想会见的任何人也就只有6个人的距离，不管他是一家公司的总经理，还是好莱坞的制作人，还是你想让其加入你的团队并支持你的名人。"

由此，事实上你的"关系网"远比你意识到的要广大得多。你实际拥有的网络延伸到了你每天都有联系的人之外，更多的联系包括你与之共同工作和曾经一同工作过的人们，以前的同学和校友、朋友，你整个大家庭的成员、你遇到过的孩子的父母、你参加研讨会或其他会议时遇到的人，这些人都会是你的网络成员。你的网络成员还包括那些你在网络中认识的人，以及与他们有联系的人。

但在生活当中，人们一提到"关系网"就认为是带有某种贬义的看法，这无疑是片面的。关系网本身没有错，它是中性的，关键看它是怎样建立起来，怎样运用的。如果建立关系网，不违背一定的道德标准，运用关系网也没有超出法律制度的规定，那么，这样的关系网何罪之有呢？在我国，建立健康的、符合社会道德标准和法律制度的关系网，对社会有利，对国家有利，对单位有利，对个人的成功更是不可或缺。

当然，关系网既然称作是"网"，就应当具有网的特点。也就是说，在这张网上朋友的构成有点有面，分布均匀。有的人交友却不是这样，他们结交的范围十分狭窄，分布十分不均。只在自己熟悉的范围内认识一些人，而这些人的行业和特长比较单一。这样就构不成一张标准的关系网了。当然，不同的行业和不同的爱好会对交友形成较大的影响。如果你是一名学者，你结交的学者朋友就是你的各种关系中最集中的人群；如果你是干部，你周围的许多朋友大多数也是干部；其他各行各业都可以依此类推。这就是我们在编织关系网的时候，常常遇到的局限，这种局限关系到关系网的"使用价值"和其他质量。假如你是一名干部，你有没有必要提高自己的理论水平？回答必然是肯定的。那么，你有没有必要结交理论界的朋友？回答也必然是肯定的。那么，在理论界需求朋友的帮助就是必不可少的，否则，就会遇到很多仅靠自己的力量也很难克服的困难。

相信，美国大片《蜘蛛侠》很多人都看过。片中主人公叫彼得·帕克是个平凡的高中生，由于意外被一只具有放射性的蜘蛛咬到后，他就拥有了各种超能力：可以在墙壁和天花板上行走、能从手腕放射出蜘蛛网，借着蜘蛛网的帮助，他做了很多扬善惩恶的大事。

当然，这只是美国科幻电影里的场景，现实生活中的我们是不可能具备蜘蛛侠的超能力的，但是这并不能妨碍我们成为另一种蜘蛛侠——自己人脉网络上的蜘蛛侠！

现实中，很多成功的人大多就是有这种关系网的人。这种网络由各种不同的朋友组成，有过去的知己，有近交的新朋；有男的，有女的；有前辈，有同辈或晚辈；有地位高的，有地位低的；有不同行业的，有不同特长的，也有不同地方的……这样的关系网，才是一张比较全面的网络，也就是说，在你的关系网中，应该有各式各样的朋友，他们能够从不同的角度为你提供不同的帮助；当然，你也要根据他们不同的需要为他们提供不同的帮助。这才是关系网应当具有的特征。

所以，静下心来，我们仔细点数一下，在我们的工作和生活中，究竟结识了多少这样的人呢？500人！这只是个我们社会交往人数的平均值！设想一下，从我们自身射出的每一根"蛛丝"都能联系到一个熟人的话，仅仅结出第一层网，就可以看出我们的人脉是多么强大。如果再加上你朋友的朋友，以及你朋友之间的互相联系，天啊，那简直就形成了一张密不透风、无所不及的超级大网，而坐在网中央胸有成竹的你，难道还算不上一个"蜘蛛侠"吗？

小凡是个很热情的人。前些天，她参加一次同学聚会，一个同学无意间向她提起，某商场正在准备设立一个饰品柜台，具体工作由他负责。说者无心，听者有意，小凡偷偷到商场看了一下，预计设立柜台的地方在商场的位置极佳，可谓寸土寸金。

小凡立即找到自己的同学，告诉他自己想承租。小凡的同学不放心，因为在此之前小凡从来没有做过饰品行业，更没有那么雄厚的家底。小凡悄悄告诉朋友，其实自己只是一个饰品厂家的代理人，铺货是免费的。

同学勉强同意让小凡试试，小凡立即联系了自己精通饰品生意的好朋友，说自己已经找到了一个很不错的商场，销售绝对没有问题，只要免费铺货，她保证大家都有钱赚。大家对小凡非常信赖，不但答应给她免费铺货，还给她推荐了几个很有经验的销售人员。这样，大家就连到一条利益链上了。

柜台开张，果然是大家发财，小凡这个饰品生手也成了一个响当当的小老板。

从上面这个例子可以看出，经营人脉也是一门大学问，这并不是喊几句口号、发几次誓就可以实现的。经营人脉，要有比较高的思想道德品质、心理素质、知识素质、能力素质甚至身体素质以及良好的沟通能力。而且在现实生活当中，我们也喜欢和这样的人交往，因为道德品质好的人拥有善良的心地，宽广的胸怀，光明平和的处世态度，待人谦虚而有自信，积极向上而不嫉妒，欣赏别人而不自卑，了解自己的长处而不嚣张，勇于负责而不狂妄。心理素质好的人能够宠辱不惊，淡泊名利，在遇到重大问题的时候临危不乱，泰然自若。知识水平高的人懂得生活的道理，能够灵活运用书本上的知识，风趣幽默，谈吐不俗。

在生活当中，纵观那些成功人士努力的结果，就是建立了一个能在他们工作生活的各个领域有力支持他们的系统。当然，这种关系不是魔术般建立起来的，它需要多年的时间和精力的投入才能发展起来。他们与同事和生意伙伴一起打高尔夫球，参加社区的筹资活动，加入乡村俱乐部和一些商业组织，所有这些投入都是为建立他们自己的网络在做准备。

做人做事黄金箴言

很多成功人士大多数都拥有一张比较全面的关系网，在这关系网中，拥有各式各样的朋友，他们更够从不同的角度为其提供不同的帮助。这种关系网不是魔术般建立起来的，而是需要多年的时间和精力的投入才能发展起来。

摆脱速成心理

越王勾践卧薪尝胆的故事相信大家都听过：

春秋时期越国国王勾践在得到吴国近期正在建一支水军的消息，错误地认为此时就是歼灭敌人的最佳时机，于是派军攻打吴国，结果越军大败，死伤惨重。吴国的国王夫差派人捉住勾践，并准备当众斩首。在这关键时刻，范蠡告诉勾践假装投降，以保全性命，勾践按照范蠡的方法行事，请求夫差给他留下一条性命，他愿意为吴国效劳。伍子胥认为此事不妥，强烈请求吴王夫差杀掉勾践，以免日后留下后患，但是夫差坚持己见，决定让勾践做吴国的苦役，这样可以免他一死。

在吴国生活的那段时间里，勾践受尽了吴国人的折磨和侮辱，度日如年。三年后，勾践终于被放回越国。

勾践回去后，为了复国，为了雪辱，用十年心血，立志打造一个强国。为了不忘记自己在吴国受到的耻辱，他每天晚上都睡在柴草上，而且在房间的墙上挂了一个苦胆，每天睡觉之前都让自己尝一尝苦胆的味道，以增强自己复仇的信念。为了聚拢民心，勾践还和王后一起带头劳动，在全国民众的齐心协力下，越国很快强大起来。几年过去，吴国国王夫差几乎早已忘记吴国和越国的仇恨。

在一次重大的诸侯会议中，夫差邀请勾践同去助威。勾践发现等候多年的时机终于到来，就带兵三千，假装助威。在吴国毫无防备的情况下，杀个措手不及。越国战胜，杀死了吴国的太子，擒了国王夫差。昔日的亡国之君上演了一出王者崛起的传奇。

勾践付出了十年时间，不过他终于得偿大愿，做成大事，这十年时间的耗费也是物有所值。其实，勾践此举对我们今天的人脉构建，也是极有启发。他不急不躁，在十年的时间里都是低调做人，锋芒全收，这便是他的计策——先蹲后跳，一举成功。

我们一定要认识到——拓展人脉是人生中一件长久的大事，不宜操之过急，要有理有序，缓缓搭建。这样的人脉才稳固，才耐得起现实的考验。

如果过于急功近利，妄图以一个超高速、超高量、超高效的方式建立人脉网络，那么不用很长时间，你就会得到一个残酷的教训。因为任何事情都是有过程的，这就像烤地瓜，时间到了，火候够了，自然能烤出外焦里嫩、口感极佳的地瓜来；相反你急不可耐，刚将地瓜放进火炉中，就慌里慌张地抓起来要一饱口福。这样不生不熟的东西，只会吃坏你的肚子，让你大受病痛之苦。

吴经理参加一个社交聚会，跟许多人交换了名片，还跟很多不知姓名的人握了手。就在短短的几天后，他接到了一个陌生电话，说是几天前谋过面，换过名片，那时交谈得十分尽兴。在报过名字之后，吴经理记起了此人，这人口音特别有特点，给他的印象比较深刻。

然而此刻，这位陌生人打来电话，似乎也并没有什么可说的事情，他跟吴经理东扯西聊，好像是熟悉十年的老朋友了。吴经理碍于情面，不好意思挂掉电话，听他到底想说什么。大约半个小时之后，这位陌生人亮出了狐狸尾巴——想让吴经理对他的网络项目投资20万元！吴经理心想，20万可不是个小数目，这人真不把自己当外人啊。

吴经理委婉地回绝了。挂掉电话，他越想越气愤，找出这位陌生人的名片，随手丢进了垃圾桶，还将其电话设成了"黑名单"。

不论这位朋友出于什么样的动机，他采取的方式却犯了人际交往中的大忌——操之过急。在现实生活中，类似的案例屡见不鲜。从这位陌生人的角度来看，他有可能对刘经理印象颇佳，感觉遇到了生命中的贵人了！所以，主动打来电话，可能是有心和刘经理交朋友或者是为了业务上的利益而先行铺路。但是他没有考虑到别人的感受，在友谊没有发展到那个程度的时候，在别人眼中他还只是一个陌生人呢！

无论什么行为都有其规则，如果你忽视这些明显或潜在的规则，那么达不成目的还在其次，弄巧成拙那可就损失大了。所以，我们一定要懂得人脉交往中的规则。比如我们平时常说，一回生，二回熟，三回就差不多成铁哥们了，但事实上真的如此吗？不见得。

罗马城不是一天建成的，好事多磨，好的人脉自然也要耗费很多的精力、时间等资源。好的人脉要从平时的点滴做起，要从一言一语中着手，在这个过程中，你要注意以下这些方面：

1. 容忍之心不可少

人生在世，不如意的事情太多了。人际关系中，人事纠葛，牵丝攀藤，盘根错节，有些问题说不清楚，问不明白。此刻，当有容忍之心，勾践能容十年，你容得下吗？

2. 处世当厚道

在处理人际关系时，万不可做小人，苛刻待人，小心眼到处使，睚眦之仇，都能计较十年八载的，这样的人最不可取。见人成功，莫眼红，别人不行，莫发笑，落井下石的人最可恨。人嘛，还是当厚道处世。

3. 让自己充满人情味

人都有三灾六难，五伤七疾的痛楚。所以，遇见有困难的，多出援手。

急人之难，这是功德无量的大好事。

4. 做人要诚恳

在结交人脉的过程中，请把握好你的人格底线。要保持真心诚意，心口如一，君子坦荡荡，人们与你相见如遇春风，那你自然会赢来越来越广阔的人脉。

做人做事黄金箴言

罗马城不是一天建成的，好事多磨，好的人脉自然也要耗费很多的精力、时间等资源。心急吃不了热豆腐，急功近利只会得到一个残酷的教训。

懂得分享，敞开心扉

学习是智慧的升华，分享是生命的伟大。

成功的人乐于与人分享，认为这样才能更有利于创造良好的环境，促进人际关系的融洽，从而达到有效的协作、配合。这不仅是一种经营思想，更是一种健康的心态。他们相信，在与人分享成果的过程中，自己也可以变得更加强大。

一位老师曾给学生出了这么一道题目："如果你有6个苹果，怎样才能用它们换来最大的回报呢？"同学们的回答可谓五花八门，有的人说把苹果分了吃掉。有人对此表示反对，认为应该把它做成罐头再去卖掉。可马上又有人表示不同意，觉得不如把苹果吃了，把种子种在地里，几年后就会有新的苹果了。

老师在一旁笑了，他说："答案很简单，自己吃掉一个，其余5个都送给别人。"同学们愣住了，不明白老师的意思。老师解释说："你应该留一个自己品尝，这样你才能品尝到苹果的美味。另外5个苹果你拿去与朋友们分享，别人就会感激你。以后他们有了苹果，同样会送给你。再往后，如果他们有了梨、香蕉或者别的好东西也还是会和你一起分享。因为，大家都记住了你的好，把你当成了真正的朋友。于是，你不仅得到了更多的利益，还获得了机会和友情。所以，只是放弃5个苹果，你就可以收获这么多好处，感受到人与人之间的和谐、信赖和真诚。那么，把苹果送给他人不是得到了最大的回报吗？"

分享，这是一种最高明的投资手段。虽然只是一些小交换，但是有这种思想、觉悟的人却并不多。现实中，我们更多的遇到的是只看到眼前蝇头小利的人，他们始终不明白利益最大化的道理。因此，在机会来临的时候，他们只挤破了脑袋争取既得的利益，而不懂得分享和舍弃，无形中就丧失了获得更大利益的机会。

聪明的人懂得"投资"，会慷慨大方地帮助他人，即使到手的利益也会拱手让人，这似乎是一个十足的傻瓜，但我们却常常发现，就是这个傻瓜却有一天摇身一变成为令人羡慕的富人。因为他们在舍去的同时，收获了机会和友情，这种隐形的回报往往是一般人所注意不到的，但是却源源不断地回馈到他们身上。

分享，是以一种全新的角度来看问题，是一种获取快乐的方法，是有效沟通的必胜秘诀。

美国南部的一个州，每年都举办南瓜品种大赛。有一个农夫经常是首奖及优秀奖的得主。他在得奖后，毫不吝啬地将得奖的种子分给街坊邻居。大家当然很高兴，对他也非常的感激，衷心地祝福他的成功。

有一位邻居很诧异地问他："你的奖项得来不易，每季都看你投入了大量的精力进行品种改良，为什么还这么慷慨地将种子送给我们呢？难道你不怕我们的南瓜品种因此超越你吗？"这位农夫回答："我将种子分送给大家，帮助大家，其实也就是帮助我自己。"

原来，这位农夫所居住的城镇是典型的农村形态，家家户户的天地都有毗邻相连。如果农夫将得奖的种子分给邻居，就可以避免蜜蜂在传递花粉的过程中，将邻居较差的品种传过来。

分享就是农夫保持优胜的秘密。他并不担心自己的种子分送给邻居而会在下一次大赛中淘汰出局，他知道，要想保持自己的竞争优势，不单是投入大量的精力改良品种所能解决的。要想获得一个良好的品种，必须有一个良好的生态，这个生态环境的实现就需要靠分享来获得。在分享的过程中，农夫也因此额外获得了别人的赞美、友谊和快乐。

让利，尤其是给对自己重要的人让利，实在是一项回报率极高的投资。那些精明而成功的商人之所以获得如此巨大的财富正是因为他们懂得与人分享，知道"放长线钓大鱼，舍小利获大利"，所以他们成功了。

当我们自己得到益处时，要懂得与身边的人分享快乐和好处；当对方遇到苦难时，我们要去搀扶对方一把，帮他分担损失和不幸。在与人分享的时候，我们就打开了自己狭隘的心胸，走出封闭的世界，与他人共同分享阳光和快乐。

做人做事黄金箴言

分享是有效沟通的必胜秘诀，乐于分享，才能更有利于创造良好的环境，促进人际关系的融洽，从而达到有效地协作、配合。分享是一种经营思想，一种高明的投资手段，同时也是一种健康的心态，是一种获取快乐的方法。

建好"人情账户"

中国台湾有个叫杨舜仁的人，他被人们叫做"名片管理大师"。他曾毫不夸张地说，他有1.6万多张不同人的名片，而利用他的管理模式，他可以在几秒内找出任何一个他想要的人的资料。

认识杨舜仁的人，都知道这绝非夸张之辞，但是在旁人听来，恐怕还以为他这是一场魔术表演呢。

杨舜仁从原来的公司辞职后专门写了3000多封电子邮件，告知他的亲友他辞职的原因，同时他还对他的亲友的长期照顾表示感谢。发完这3000多封电子邮件后，他以为不会有什么反响的。没想到他竟然陆陆续续收到300多封回信，其中包括16个全职和兼职的工作机会。

杨舜仁说："这是我人生的一个转折点。如果当时我只是一个个地拨电话，可能打不到十个就挂了。"可是，他选择了发送电子邮件的方式。最后，在那16个全职、兼职工作中，他选择一份赴中小企业讲演网际网络应用的兼职工作。

他的朋友为什么这么重视杨舜仁呢？原来，他非常重视人脉的保鲜功夫，经常写封"嗨！我是舜仁，好久不见啦，最近过得好不好，有机会再聚呀"之类的短信，动辄就发给数百位朋友。杨舜仁说他有今天的成果就是这样一点一滴建立起来的。

这就是人脉的力量。只有平时维系人脉的人，到用的时候才会有效。千万不要"书到用时方恨少"！那样你就是临时抱佛脚，注定了没一个人理你。从这个意义上说，我们很有必要向杨舜仁先生学习这种人脉保鲜功夫。

人脉的保鲜功夫其实很简单，就像Outlook，只要你会用，打开就可以对收到的名片进行整理。在名片的背后加上批注，包括与对方相遇的地点、介绍人、他的兴趣特征，以及交谈时所聊到的问题等，一定要务求详细，然后将这些人的讯息打在备注栏里，以后只要用"搜寻"功能，便能将同性质的人找出来。

不管你是谁，不管你的人脉有多少，都请你加强对人脉保鲜的重视程度。千万不要认为自己没有时间，事实上抽空写封电子邮件，浪费不了你多少时间。关键是你懒得不想动，忙只是你的一个借口而已。

从今天开始，请不要再以自己忙为借口了！你可以与你的朋友们经常联系，用电子邮件写封"好久不见了，最近还好吗"、"周末一块玩呀"等的邮件。如此一来，你日积月累的人脉保鲜功夫，让你的人脉时刻保持着活力和有效。

其实，除了发送邮件，我们还可以通过更多的其他方式来进行人脉保鲜的功课。一般说来，有下面这几种值得我们尝试：

1. 充分利用网络

网络已逐渐成为一种流行甚至时尚的交往方式，QQ上一句留言，MSN上一个搞怪的表情，都有可能让你的朋友在对面哈哈大笑或处于感动中，他也许会对你的印象更加深刻，这是经常处于忙碌状态难以脱身的人维护人脉关系的一种秘密武器。

2. 得意或失意，都要打电话

你的某个朋友失业了，正处于无比沮丧时，不妨打一个电话过去，提个不错的建议，给予一些帮助，介绍一个工作岗位，这样就能建立一层忠诚的人脉关系。

3. 让你的人脉信息都是有效信息

可能你的朋友升迁了，搬家了，换了手机号了，以前的邮箱忘记密码了等等，这些问题很常见。这就会造成你的通讯录的某些信息因为变动成为了"无效信息"，这就需要你随时留意朋友的变化，要常常关心一下。

4. 别让你的人脉内部分裂

你的朋友中可能有人一时意外或疏忽，与你的另一个朋友不合或对其极其不满。这时你要挺身而出，义不容辞地出来调解。如果能帮助他们解决矛盾再好不过，对双方都有利，两方都会感激你，即使调解不成，他们也会理解你的苦心一片。

5. 赠送礼品请多些创意

朋友生日了，结婚了，要开一家服装店了……这个时候你就需寄送贺卡或相关的有纪念意义的礼品。赠送礼品是有讲究的，你也要做出自己的创意来，才显得你的特别，朋友才会对你另眼相待，感动于你细致入微的心思。所以千万不要低估一张卡片或一份礼品的力量，小处可见大，成大事者要从小处着手。

6. 把有用的信息告诉你的朋友

通过你的朋友你可以获取很多对你有利的资讯信息。反之，你也要考虑到你的朋友，他是不是也需要你为之提供一些有用的信息呢？如果需要，你就要留意起来，留意一下你的人脉名单中的朋友有哪些癖好、兴趣和特别的需要之处。另外还要观察自己身边的信息和各种资讯，将对朋友有利的资讯提供给他们，你留给他们的印象就不会被抹除了。

7. 心到不如人到

这是最重要的一点，朋友的婚礼、重要表演、颁奖典礼等，这些对朋友来说肯定是特别重要。当然如果你特别特别忙，也可以不必参加，事后弥补，但是你得明白这一点"心到不如人到"，事后你弥补得再好，都不如你到现场看一下，把你朋友的事当做一件大事对待，那你已经抵达了你的朋友的心里，他永远都不会忘记你了！

苏娜是一家小型企业的总经理，该公司长期承包大建筑公司的工程。因此，苏娜需要经常和这些公司的重要人物搞好关系。但她的高明之处在于，她不仅奉承公司要人，对年轻的职员也殷勤款待，经常施与小恩小惠。

平时，苏娜总是想方设法将那些大公司中各员工的情况做全面的了解。当她发现公司里有个人大有可为，以后会成为该公司的要员时，不管他有多年轻，都尽心款待。因为她明白，10个欠她人情债的人当中，有9个会给她带来意想不到的收益。她现在是在为以后更大的利益投资。

当苏娜知道客户公司的一名年轻职员Chris升为科长时，她专门找了个时间前去祝贺，并赠送礼物。等Chris下班之后，她还盛情邀请他到高级餐馆用餐。Chris从来没有来过这种高档的地方，自然对苏娜的招待很感激。Chris认为，自己从前从未给过这位总经理任何好处，并且现在也没有掌握重大交易决策权，可见这位总经理是真的爱惜人才，是个好人！

老练的苏娜懂得如何操控客户的心理，她看出了Chris的感激之情，却恭敬地说道："我们企业能有今日，完全是靠贵公司的帮助，而你作为贵公司的优秀职员，我向你表示谢意，是应当的。"她的这番话，让Chris听来非常的舒服，打心里佩服苏娜的为人。

没过多久，Chris凭借自己的实力，登上了这家大公司的经理职位。自然，苏娜的小恩小惠就起了作用了。在生意竞争十分激烈的时期，许多承包商倒闭，破产，但由于Chris的大力支持和帮助，苏娜的公司仍旧生意兴隆。

人是有情的，每个人都逃脱不了个"情"字。"人情生意"也从未间断过，不管是在人际场还是生意场，感情投资都是必需的。有谋略的人懂得利用"人情"来处理各种关系。即使遇到不顺当的情况，也能够相互体谅，正所谓"生意不成情意在"。在本节案例中的苏娜正是如此精明的一个职场中人，她善于人情投资，所以她的职场之路才会走的如此顺畅。

"千金易得，知己难寻。"朋友不是从自己出生时就在身边的，需要自己用心去寻找。你对朋友付出了真心和爱，无微不至的关怀，相信就会有相同的有心人走入你的视线。

当今的社会是信息社会，如果不与人交流沟通就会使自己越来越封闭。良性的人际关系网，几乎是每个人立足于社会所必需的。即使你有过人的才华，如没有人与你打交道，也不可能被人赏识。所以，我们一定要注意经营自己的人脉。要知道，平日常联络感情，远胜于临时抱佛脚。

打一个电话，带上几句温暖的问候，是给朋友最好的礼物，也是会做人的表现。你们之间保持联系，才能在你需要对方的时候好开口寻求帮助。

在现代比较繁忙的工作生活中，有事找朋友帮忙，人人如此，但无事时找朋友，变得越来越少。也许你会有这样的经验：当你面临困难时，你认为某人可以帮你解决，这时你本想马上找他，但你后来想一想，过去有许多的时候，本来应该去看看他的，结果你都没有去，现在有求于人就去找他，会不会太唐突了，甚至因为你太唐突而遭到他拒绝。在这种情形之下，你不免有些后悔"闲时不烧香"了。

如何在仕途中步步高升有一种方法：它教导那些有心在仕途上有所作为的人，必须起码搜集20个将来最有可能做总理的人的资料，并把它背得滚瓜烂熟，然后有规律地按时去拜访这些人，并和他们保持比较好的关系。这样，这些人中的任何一个人当了总理，都可能记起你来，有可能请你担任一个部长的职位。也许你会认为这种手段不太高明，但这是非常现实的手段。

一位政治家在回忆录中提到：一位被委任组阁的人从受命开始，自己的心情很焦虑。因为一个政府的内阁起码有七八名阁员，那么如何去物色这么多的人去适合自己？这的确是一件非常困难的事情，因为被选的人除了要有适当的才能、经验之外，最为要紧的一点，就是"和自己有交情"。

"有事之时有人，无事之时无人"是生活中许多人常抱的态度。但是此类人大多会被抛弃，没人愿意再给这样的人帮忙。

平时的人情投资意义重大，因为平时的恩惠，会让别人觉得你这个人就是这样，并不是做作，更没有故意拉拢人心之嫌。如果你平时不注意对别人小施恩惠，只在关键时候拉拢别人，人们会对你不屑一顾。正是因此，有些公司在生意还未开始做的时候，就请客户吃饭，或者送一点小礼品给客户，以提高买卖成交率。而这样做的效果也是非常明显的。

应该明白，在与人交往的时候，并不是只有那些倾囊相助的义举才能让人对你产生信任和感动。有些时候，平时的小恩小惠更能拢住别人的心，让他心甘情愿地为你付出。

所以，平时多与有助于自己事业的人保持联系，进行人情投资，这对你的事业发展是很有好处的。要知道，一个人要想营造一张属于自己的关系网虽然不难，但是要维持关系网需要花很大的力气。只有平时多进行人情投资，你才能在关键的时候体会到它的重要性。

做人做事黄金箴言

"人情账户"是人脉保鲜的既简单又重要的一种方式。平时多与有助于自己事业的人保持联系，进行人情投资，这对你的事业发展是很有好处的。千万不要抱有"有事之时有人，无事之时无人"的态度，否则大多会被抛弃。

既要雪中送炭，又要锦上添花

雪中送炭和锦上添花这两个词从词性上来看，都是褒义词，都是描写对他人帮助的。这两种帮助究竟哪个更让人感动，这还是应该从受帮助者那里寻求答案。

战国时期的楚怀王便是一位颇值一提的投资家，有一年楚国冬天大寒，楚怀王穿上皮袄，烤着火盆还是觉得冰冷刺骨，这时他想：我尚冷成这样，那贫民百姓该冻成什么样子呀？于是，他下令给全国的贫苦百姓和客居楚国的游客送去取暖的煤炭。

国民很高兴，感动于楚怀王的怜悯之心，本来顽劣不恭、贪婪成性、坏评如潮的楚怀王竟然一度颇受人民爱戴，并由此传下"雪中送炭"的成语。

可见，在对方最需要帮助的时候，你及时提供了帮助，此时无疑让人感恩戴德。可是在生活中，当有人陷入困境的时候，面对求助的目光，大多数人却无情的漠视甚至幸灾乐祸，要不就是匆匆忙忙、唯恐躲闪不及。这使得人们本就孤寂的心灵，更像陷进了一个冰窟窿，然而就在这时，你出现了，并且伸出了你温暖的双手，这样的一双大手，怎能不让人心生感动，怎能不让人铭记一生呢？

而且，实际上雪中送炭，对你来说付出的并不多，但你在关键的时刻帮了别人一把，会让别人对你心存感激。你和朋友的友谊得以增进，你和朋友的关系得以加强。雪中送炭或许不能给你带来立竿见影的收益，但是却可以使你的人脉河流源远流长。

李嘉诚就是这样做人情投资的。20世纪70年代初的时候，由于石油危机的影响，香港的塑胶行业出现了严重的危机，很多塑胶原料进口商利欲熏心，趁机垄断塑胶原料的价格，这迫使很多厂家濒临倒闭。此刻，李嘉诚没有等闲视之，他像救世主一样出现在众多塑胶产业厂商的面前。他让这数百家的塑胶厂家组建成联合公司，并将长江公司的13万磅原料以低于市场一半的低廉价格卖给了那些濒临倒闭的厂家。上百家公司在这场危难中得以生存下来，这可以说完全得益于李嘉诚的坦诚大方和深远眼光。因此，李嘉诚被香港塑胶业赞誉为"及时雨"，他的个人声望暴涨，他的事业也进行得更加如火如荼。

这便是李嘉诚为什么能够成为香港首富的原因。

当然，雪中送炭固然让人感动，锦上添花也同样重要，有时甚至还是必不可少的。这就诸如你身着锦缎，有人再给你加上一朵芬芳四溢的鲜花，不也能为你增添几分风采吗？锦上添花和雪中送炭一样，都是对人有益的。

当你费尽心血，终于有一家属于自己的店铺开张了，你难道不希望看到朋友们带着花篮来给你贺喜？当你春风得意，终于得到了升迁的时候，你难道不希望看到朋友们敬上你两杯？当你的孩子顺利进入了重点大学，当你的事业步步登高的时候，你难道不希望有人来分享你的喜悦？这时出现的朋友，就是在为你锦上添花，他们一样值得我们感动和感谢。

所以，我们要做的，是既要雪中送炭，又要锦上添花！

锦上添花，是你在最风光得意的时候，许多的人都来恭维你，朝拜你，所谓的朋友在对你大呼"万寿无疆"，此举可以让你威风的时候更威风，风光的时候更风光。锦上添花的人，犹如在你胜利嘉奖之时，为你点响鞭炮的人。

当然无论是雪中送炭，还是锦上添花，都需要注意一个时机问题，雪中送炭的时候，不要等到你的"炭"没有作用了再送，锦上添花的时候，不要等你的"花"开败了再去送。无论兴衰，第一个出现在朋友面前出手相助的人，总会给朋友留下最深刻的印象。

中国有句古话，叫做"受人滴水之恩，当以涌泉相报"，我们帮助人的目的并不在于能得到多少回报，而在于是不是真正地帮助对方走出了困境，是不是获得了一个真正的朋友。

患难的时候帮助别人，需要注意方式和方法。有些帮助别人的做法实际上是并不可取的。

1. 我们帮助别人，不要以揭别人的尚未痊愈的伤疤为代价

有些人的遭遇很坎坷，有些经历是不愿意让人大肆宣扬的，如果我们为了帮助他渡过经济上的难关，不惜把他的心灵深处的伤疤晾晒在阳光下的话，对他造成心灵上的伤害会远远大于对他经济上的补偿。

2. 我们帮助别人，不要附加任何条件

我们帮助别人，是不求回报的，尤其是在帮助困境中的人时，更不能提什么条件。附加条件的帮助就不是帮助了，而是要挟，如果是经济上的帮助附加了条件，那就成了高利贷了。这样的帮助，即使对方接受了，也不会感激你，因为你的做法是乘人之危，落井下石。

3. 帮助别人不要轰轰烈烈，而要润物无声

有的人喜欢把帮助别人的事情弄得热热闹闹的，让大家都知道自己帮助别人了。这样的帮助会有一定的私心在里面，虽然你没有给受帮助者提任何要求，但是你却希望受帮助者能够给你扬名，这就像一个小学生在公交车上给老爷爷让了坐，然后让老爷爷给学校写表扬信一样，是变了味儿的帮助。真正的帮助应该像春雨一样，虽然无声，却点点滴滴都流进了受帮助者的心田。

4. 虽说是患难见真情，但是我们不要非等到对方落难了才去帮助他

作为朋友，我们要提前提醒他，帮助他避免"大难临头"，如果我们为了获得那份"真情"，非等到他一败涂地的时候再出手相助，那对方可能会一蹶不振，很难东山再起了。

帮助别人不需要太多的学习和培训，如果你想去帮助别人，就在别人最艰难的时候伸出你温暖的手。当你被别人感动过后，你就会明白怎样去帮助一个人，什么时候去帮助一个人。

"患难朋友才是真朋友"，关键时刻拉人一把，既是一种培养人脉的积极手段，更是做人必须要做的一种善举，必须要负的一份责任。

雪中送炭尤为可贵，锦上添花也同样重要。但要掌握好时机，不要等你的"炭"没了作用再送，也不要等你的"花"开败了去送。无论兴衰，第一个出现在朋友面前出手相助的人，总会给朋友留下最深刻的印象。

借贵人打个背景光

1930年春，在当时还默默无闻的数学家华罗庚发表了他的第一篇论文《苏家驹之代数的五次方程式解法不能成立的理由》。这篇文章引起了时任清华大学数学系主任熊庆来教授的注意。当他得知当时的华罗庚只是在一所中学当会计，仅初中学历时——但这并没有挡住熊庆来教授的爱才之心，他当即决定聘请华罗庚来清华大学数学系担任资料员，这无疑为华罗庚的数学兴趣提供了优越的发展平台。华罗庚也不负众望，终成一代大数学家。

由此不难看出，和名人交往的意义显而易见。大凡成功人士，都有这样或那样的优秀特征，都有值得我们学习的地方。多与成功人士交流，即使他不传授你所谓的"成功秘诀"，我们也能从他们的言谈举止感受到他们的风采，领悟到他们做人处世的精华所在。

名人效应在生活中起到很大的作用。同样的商品，是否请名人做广告，对销售业绩的影响非常明显，例如世界知名时装零售商H&M公司与著名歌手麦当娜的成功合作让这个品牌从北欧迅速扩展到世界各地；另一家瑞典男装零售商"兄弟"公司找瑞典冰球名将马茨·松丁代言后，该公司广告被关注的程度由原来的2%立刻上升到9%。由此可见，名人的光环是何其耀眼。

如果生活中我们能把名人纳入到自己的人脉中来，彼此之间成为朋友，那么在同行的时候，你可以发现，名人的光环，可以帮自己照亮前进的道路。

有一位出版商有一批滞销书久久不能脱手，他忽然想出了非常妙的主意：给总统送去一本书，并三番五次去征求意见。

忙于政务的总统不愿与他多纠缠，便回了一句："这本书不错。"出版商便大做广告："现有总统喜爱的书出售。"于是这些书被一抢而空。

不久，这个出版商又有书卖不出去，又送了一本给总统。总统上了一回当，想奚落他，就说："这本书糟透了。"出版商闻之，脑子一转，又做广告："现有总统讨厌的书出售。"又有不少人出于好奇争相购买，书又售尽。

第三次，出版商将书送给总统，总统接受了前两次教训，便不作任何答复。出版商却大做广告："现有令总统难以下结论的书，欲购从速。"居然又被一抢而空。总统哭笑不得，商人大发其财。

以上固然是一则杜撰的故事，出版商巧借总统的威名，使一本原本滞销的书籍卖到脱销，这无疑是一种成功的韬略，但这却也非常形象地说明了名人巨大的影响力。在实际的交往过程中，我们要做到的首先是和名人建立起联系，就像故事中那个聪明的商人，至少你有机会把书送给总统，并三番五次地征求意见。那么，如何才能和名人建立起联系呢？

一是充分利用自己的人脉关系网，主动与名人取得联系。名人虽然是名人，但是他也有很多普通人的朋友，这些普通人的朋友就是你建立名人人脉的基础。在整理自己的人脉网络的时候，要注意到哪些人可以成为你结交名人的中介者，并通过积极的联系，拉近自己和名人的距离。

洛林是个初出茅庐的大学生，刚到纽约的时候，他租住在贫民区的一个公寓里，房东太太是一个很古板的老人，大家都说她很难接触。洛林每天出去找工作，回来的时候常常会给老太太捎一些小小的礼物，最开始的原因只是想博得老太太的好感，能够晚一点时间付下个月的房租。但洛林的开朗和善良却使这个孤独的老人深受感动，她告诉洛林，他的儿子就在这个城市里的一家银行任职，虽然只是个普通的保安，但是却可以与银行老板经常见面，如果洛林愿意，她可以请儿子帮忙向银行的主管推荐他。

洛林自然求之不得，不久，在老人的儿子推荐下，洛林进入了这家银行，并且凭着自己的实力逐步高升，成了部门的主管。

洛林——房东太太——房东太太的儿子——银行高层，通过这个过程，我们可以看出：一个人的人脉关系网中，从一个节点到另一个非常重要的节点之间，其实是由一些普通节点联系着的，这个联系并不十分复杂，也算不上遥远，只要我们用心寻觅，就可以发现走向目标的捷径。

二是要积极参加各种有名人参加的聚会，并在聚会上表现出个人的魅力，让名人记住你。名人聚会实际上是一个群英会，各路名人相聚在一起，彼此间沟通交流，拉近感情，同时也传递、创造新的机遇，作为一个普通人，要有出席这样聚会的胆量，更要抓住参加名人聚会的机会展现自己的才华，给与会的名人留下深刻的印象。

比如，在名人讲话的时候，微笑着倾听对方的发言，并不时点头表示赞同，与名人交流时言谈举止得当，风趣幽默等。同时，在参加名人聚会的时候，你要敢于把自己的才华表现出来，一般情况下，名人参加聚会时表现都比较矜持，他们要随时注意维护个人形象，但你作为一个无名小卒就不一样了，我们要努力增加自己的曝光率，吸引别人的眼球，引起别人的注意，用自己的良好的表现让对方打听：这个陌生面孔究竟是什么来历？素质蛮高的嘛！

也许有人会怀疑：这种聚会群星璀璨，我一个无名小卒，怎么能引起名人的注意呢？这个问题其实不是问题，你可以从反面来想：既然整个聚会上有很多闪闪发亮的明星，那么，一只小小的萤火虫是不是更容易引起他人的注意呢？

结识名人以后，下一步就是借名人光环的力量，加快奔向目的地的脚步了。在利用名人的影响力方面，有的人比较喜欢吹嘘自己和名人之间的关系如何好，有的甚至以宣扬名人的隐私来证明自己与名人关系的密切，这样做不好，不仅会让名人厌烦你，更会使听众大倒胃口，认为你在拉大旗作虎皮，借名人的名气压对方，往往会起到截然相反的效果。

在介绍自己和名人之间的关系的时候，选择低调更容易取得震撼性的效果，当你告诉对方，自己曾经在某个名人那里听说过对方的名字，对方一定会感到惊喜和骄傲；当你告诉对方，某个名人曾经告诫过自己为人处世一定要和气谦恭的时候，对方一定会对你另眼相看。

借用名人光环照亮自己的路，说白了就是"借光"，但是"借光"是有规矩的，那就是你不能损害借给你光的人的利益。站在别人门前的路灯下看书是可以的，但是你要把人家门口的灯泡拧走，那就不是借光了。

小孙单位最近有一个新项目需要申请一笔资金，但主管这件事的某部领导李主任却是一个很不好说话的人，小孙所在部门的几位领导轮番上阵，但似乎都没什么效果。

正在领导一筹莫展之际，小孙想起自己的伯父正好是这位领导的上级，如果假借伯父之名或许可能会有效。主意打定后，在征得了单位领导的同意后，小孙决定去试一试。

来到李主任家，经过一番寒暄之后，小孙说："我伯父常常称赞您是一个有才能的人，他说有一年……"听小孙这么一说，李主任好奇地问道："请问你伯父贵姓？我们认识吗？""我伯父是×××！""啊，我说呢，难怪你知道这么多。你伯父在咱们这儿可是响当当的大人物啊，可惜我们平时交往很少啊！"李主任不无感慨道。"以后有机会我一定帮您多引荐一下。"小孙满面笑容地说。

无疑，小孙的事情水到渠成了。

从上面这个例子可以看出，借人之"名"办事果然相对容易多了。特别是在现代社会，巧借名人之名办事的手段早已被政治、经济、文化以及外交等各领域所广泛运用，而且大有日趋扩展之势。这早已是一个不争的事实，谁利用好了它，谁就能发展得更快，就能更容易获得成功。

做人做事黄金箴言

借名人的光环可以帮助自己照亮前进的道路。

打入公司的主流群体

人生如戏，毕竟舞台上的主角就那么一两个，大多是配角，有的甚至还是临时演员。因此，对于你来说要在职业场上取得成功并不是一件容易的事情，因为这是一个充满激烈竞争、弱肉强食的残酷世界。在此，我们不谈那么多关于职业发展的走势问题，而告诉你一个令人困惑的职业之谜：如何克服一个个特殊障碍，来到达成功的彼岸。这个障碍通常，是因为你是局外人而造成的，局外人的身份使你与职场上的主流群体完全不同。这些不同可以表现在多方面，如性别、民族、语言、年龄等。

尽管在很多企业里面你要打入主流群体并非易事，但只要你努力，依然有成功的可能。以下推荐七种策略技巧，有助于实现你的目标。

1. 首先明确一点：同事是你的朋友，不是你的冤家

同事，从字面上讲"乃是共同做事的人"，彼此之间应该是相互合作、公平竞争的关系，而不是斗争的你死我活的"敌人"。如果你心怀"你的同事就是阻挡你前途命运的人"的这种成见，可想而知你在办公室里的人际关系更多的则是敌对的。这也就是现在很多的职场人士深感困倦的一个原因，其实也正是这些步步为营的人际关系成了他们工作中的最大负累。只有当你抱着正确的态度，少一些功利的偏见，你才能从工作中间发现乐趣。

2. 拓宽胸怀，学会反思

不要因为以前你与别人的不愉快经历，而假设每个人都存有敌意，要适时而变。略有成就的职场生涯，必然要经过多番或明或暗的竞争。不管是竞争中的摩擦还是合作中的争执，你要学会以相反的方面去设想别人，首先消除自己心中对别人的敌意，找准发生不快的原因，敞开心胸，重新衡量自己

或别人的得与失，以简单、轻松的方式来缓和气氛。做大事者，不应纠缠于这类琐碎的细节。

3. 积极进取，塑造自我

你必须拥有成功的交际技巧和专业知识，这一切是你受聘的原因。但是，如果你还不是企业主流群体中的一个成员，你就得具备一些其他的素质。

要边准备、边思考、边行动。了解你所在领域内的最新潮流，做信息的第一接收者，默默地做好充足准备，同时想办法做好你目前的工作或你希望做的工作。敢于冒险，勇于决策。你必须清楚知道，世界上没有风平浪静的大海，同样也不存在无任何风险的事业，成败只在瞬间的把握，抓住机会，到公司直接相关的第一线上工作。认识你的文化背景所具有的力量，弱项需加强，强项则令其更强，要有敏感的竞争意识，打造自身竞争优势，让自己逐步站上舞台，发挥实力。

4. 善于表现自己，赢得注意力

让公司知道你可以做什么，不要过于迷信"金子闪光说"，也不要埋怨上天不赐予你"千里马与伯乐相遇"的奇缘，机会在更多时候由自己创造。因此，即使你是一个成就非凡的人，你也不要指望被别人发现或者认识。为了取得进展，你得主动出击，让人们知道你是谁，你做了些什么。

沉默寡言，信奉权威，害怕"出人头地"，与主流群体无法和谐相处。如果你想使自己更引人注目的话，那么，所有这些可能就是你必须克服的文化障碍、心理障碍和性格障碍。

5. 口才训练

一句话说得别人笑，一句话说得别人跳，所以福从口来，祸从口出。讲话要有技巧、有艺术，这就是口才。

一鸣惊人，使你求职顺利！神思妙语，助你事业成功！口才是一种语言能力，也是智慧的高度展现。

一个有前途的员工，除了要具备能力和责任心之外，懂得如何适时在公众场合发表意见是很重要的，只知道埋头苦干是有可能被忽略的。磨利你的牙锋，也许能在重要时刻发挥事半功倍的作用。以下是几点有效表达意见的秘诀：

（1）开会时，尽量选择靠会议桌中间的位子，千万不要孤零零地坐在别人看不到的边缘地带。

（2）切勿到会议接近尾声时才说话。那时候大家都已意兴阑珊，根本没有人会留意你的意见。

（3）发言时，切记把握重点，不要说些拉拉杂杂不相干的琐事。只要你言之有物，别人绝对不会忽略你。

（4）尽量避免使用模棱两可的措辞，比如"这样可能不太对，可是……"这样的话。

6. 善于接受，懂得牺牲

让你的观点和公司文化相适应。要从局外人变成局内人，并且真实地对待你自己，你必须懂得"接受"和"牺牲"之间的区别。你得做到：

认识哪些文化特征是你不能放弃的，哪些是你愿意调适到符合公司文化的。不要把为公司文化调整而作出的每一种改变或调节视作放弃或让步，而要看成是适应新环境的一种方式。不要让你所在群体的其他人为你下结论。该在哪里划线划圈，你要自己作出决定，做自己的主宰。

如果公司歧视你的文化力量，如果公司的价值观直接与你的价值观发生冲突，如果你现有的职位不足以充分展现你的才能。那么，如果你忍辱留下来的话，你可能就是在做牺牲了。公司要求物尽其用，作为雇员的你更应希望人尽其才，珍惜自身价值。既然没有如意的发展前景，何不"潇洒走一回"，另谋高就。

7. 尊重他人隐私

每个人都有权利选择，哪些事情可以让别人知道，哪些事情则不希望别人知道。在职场上，除非对方自己主动向你谈起，否则过分关心别人的隐私的行为则是一件很无聊的事情了，这会让对方对你的素质产生疑问。即使对方是你最要好的朋友，也同样有他自己的隐私。你必须要清楚地知道，你尊重他人的隐私就是尊重别人的生活权利和人格。相信对你而言，你肯定也不会喜欢那些热衷于打听别人的隐私的人。所以，社交的分寸就是对涉及隐私的事不要多问。

做人做事黄金箴言

　　要想获取成功，克服职场中种种障碍，就要打入公司的主流群体，切记做局外人。

放下身段，方圆做人

　　S是一个素质很不错的年轻人，又是海外留学归来，因此回国后他顺利地进入了一家广告公司工作。他本以为可以借机大施拳脚，一展抱负，却没想到自己凭借海外所学和回国后所学到的工作经验提出的建议，不但没有引起老板的重视，还屡屡遭到否定。他非常愤怒，也很迷惘，他开始寻找其中的原因。

　　他发现老板似乎很喜欢听好话，同事中很多会溜须拍马的人都很容易取得了老板的信任，但是自己这种苦心为公司长远发展考虑的人却好像成了不务正业的人似的。马上快到年底了，别的同事都开始盘点自己今年的表现如何，开始揣摩老板会给自己的工分是多少，拿到的红包又会有多重等等。但是S却感到委屈，自己工作没少做，在老板眼里反而成了"问题员工"，在公司里的位置也是岌岌可危。

　　一位要好的同事给他指出了他的不足，对他的苦恼做出了解答。"你太害羞了，面对老板的时候你都会脸红。你要知道老板也是人，是需要赞美和夸奖的。"此话给了S深刻的启示，他认为自己有必要改变自己，如果想要在公司里待下去，并且有个好的未来就一定要改变现状。

没多久，S发生了一番彻底的改变。他开始变得从容而且轩昂，在和老板的沟通中也轻松自如，在自己取得小成绩的时候他也不忘奉承，是老板的英明指导才有他的成绩；见到老板他也会半开玩笑地说，"这套衣服看起来就像是为你量身定做的"。

他的想法和建议也逐渐地得到了老板的认可，而且对公司的发展也起到了很大的作用。这令公司里的人员对他都刮目相看。不久后，S得到了公司的提升。

如果你不善于"吹捧"老板，老板就会认为你难于沟通，而在老板的角度来看"好话＝合作"，一个不会说好话的人是很难与他的上司和同事合作的。如今公司的发展需要的是有才能，能够为老板带来效益，善于合作的人才，其中善于合作是尤为重要的。如果你适时地在老板面前赞赏老板，拍下老板的"马屁"，老板就会认为你是一个很容易相处的人，这也就间接地表明了自己乐于合作的态度。

S的工作能力在前后并没有变化，但是在公司里的地位却发生了本质上的变化，其主要原因就是他自身的改变。要知道，能力和才华如果得不到发挥那是毫无意义的。只有让老板欢心愉悦，他才会给你表现的机会，给你施展才华的舞台，才能维持自己的生活。

拿破仑说过："讨厌别人对自己拍马屁的人是少之又少。"有很多人认为厚颜无耻地说一些阿谀奉承的肉麻话，讨好上司，就是拍马屁。事实上，这种人认识很粗浅。真正的"拍马屁"是隐秘地赞美别人，恭维别人，这是与上司、同事来往时的"润滑剂"，更何况，这些美丽的言辞不会让你花一分钱，对你又不会有太大的损失，而且于人、于己皆有利，为什么不这么做呢？在职场中人人都明白，讨得上司的好感是多么重要，然而"拍马屁"的方法可是大有讲究的。

据说当年拿破仑最讨厌的就是别人拍他的马屁。因此喜欢谄媚、奉承的人很难受到他的重用。但是有一次，一个随从对他说："将军，您是最讨厌别人对你拍马屁的吧？"拿破仑笑着回答说："当然，一点也没错！"可是事后，拿破仑自己也不得不承认，那个随从的话其实就是一记最好的马屁，而自己竟然笑着接受了。

在职场中，拍马屁的功夫同样需要，如果你保持一副清高的模样，最终受苦的还是自己。那么如何才是最为高超的"马屁"功夫呢？

1. 多在人前夸赞自己的上司

虽然当着上司的面，直接给予赞美，也是奉承上司的一种方法，但是这样做很容易招致周围同事的反感。而且，这种方式的效力也很小，甚至还会产生反效果。与其如此，不如背后夸赞上司。这些赞美的话语，也终有一天会经由同事的口，传到上司耳中。这样的赞美，会让上司对你更加信任。

因此，我们可以利用职场中这些复杂的关系网，让赞美的言辞流传出去。如果你没有这点长远的打算，那么你也很难得到晋升的机会了。

多在私下场合赞美上司的细小之处，哪怕一件西装、一条领带等，都可以成为你赞美他人的话题。但是，这番赞美之词却不可在大庭广众之中大声喊出来，这样只能产生反效果。

另外一点需要注意的是，万不可和其他部门的人，尤其是其他部门的上司走得太近，这会让自己的上司不高兴。

2. 做上司背后的英雄

如果你的上司不擅长写办公公文，或外务繁多，那么此时的你就可以发挥自己"枪手"的作用了。通常要在别人所写的文章上进行删减修改，是很容易的事。因此，你只需要先弄清该写的内容，然后在工作的空档动手起稿，那就没问题了。

这种人都会很受上司的礼遇和尊重，就好像上司的左右手一般。例如，有的时候需要在客户的公司刊物上，做商品宣传广告。这时，你可以用上司的名义来刊登。最初的拟稿自然是你写。稿件完成后，需先让上司过目，一番增补修减后，才能交给客户。

如果你自以为是，自负地认为自己为公司效了很多力，在客户的刊物上，大加发表自己的议论，这样很可能适得其反，甚至招致上司的嫉恨。

因此，作为下属，你要做的就是不露形迹，默默耕耘，让自己扮演幕后功臣，并安于这样的牺牲，这就是对上司最强而有力的奉承。而且这种以上司为尊的行为，是一定可以打动上司的。如果你颇有些文才，那么不要骄傲，用这种方式来拍上司的马屁，展现自己的能力吧，不用担心，你一定可以得到重用。

3. 认真处理上司无意间的话

找机会和上司多沟通，总会从上司那里最终得到一些有意无意的信息。在上司吐露衷肠的时候，找准恰当的时机帮他实现。比如当上司无意中说："最近听说有家杂志上刊载世界各地的名吃，有机会的话真想看看。"如果你能抽空帮上司实现这个心愿的话，他肯定会记住你的。

也许上司的话和工作根本扯不上关系，但是做下属的就应该有随时听候差遣的准备。在可能的范围内，实现上司的愿望。虽然上司说那些话并不期盼别人去实践，只是用很平常的语气说出，但是如果下属能对上司的每句话都认真对待并实践，一定会让上司很喜欢。

"马屁"该拍时一定要拍。但马屁也不是那么好拍的，拍对了尚可，拍不好只会被"踢"。因此，要随时把握好所拍对象的心理，从而把握好"拍"的尺度与力度。每个人都喜欢被别人赞美、尊重，只要你拍对了，很多事情都会更容易解决。"拍马屁"这件事听上去虽然不那么体面，实际上却是建立职场沟通渠道的有效方式之一，尤其讨好了自己的上司，对我们的职场前途可是大有帮助的。

做人做事黄金箴言

能力和才华如果得不到发挥那是毫无意义的。但是只有争取到机会才能得到表现，所以只有放下身段，让老板欢心，才能得到施展才华的机会，才能维持自己的生活。

第四章
升职直通车

每个职场中人都想得到升职晋升的机会，都希望自己的职场之路走的顺畅，走的高远。职场中的人们哪个不是挤破脑门向前钻呢？那么，如何实现自己的梦想呢？命运女神是否垂青于你，在于老板，更在于你自己的计划和安排。

身在职场，埋头苦难，希望有朝一日得到老板的赏识只是自我安慰的想法。要想得到升职加薪的机会，你就得掌握职场升职、腾达的技巧和方法。

储备晋升的"干粮"

在美国曾经有个很普通的农家少年，从杂志上读了某些大实业家的故事，很想了解故事的细节，并希望实业家给广大读者提出一些忠告。

有一天，他跑到了纽约，他也不管几点开始办公，在早上7点钟就到了威廉·亚斯达的事务所。在第二间房子里面，这位少年立刻认出了面前那体格结实，长着一对浓眉的人。高个子的亚斯达刚开始觉得这少年有点讨厌，然而当他听到这个少年问他"我现在很想知道，我怎样才能赚得百万美元？"这个问题时，他的表情便柔和并微笑起来。接着，他们两个人进行了长达一小时的谈话。随后亚斯达还告诉少年应该去拜访的其他实业界的一些名人。

这位少年照着亚斯达的指示，遍访了一流的商人、总编辑及银行家。在赚钱这个方面，他所得到的忠告并不见得对他当时有什么帮助，但是能得到成功者的指引，却给了他很大的自信。他开始仿效他们成功的做法。

两年之后，这个20岁的青年成了他学徒的那家工厂的所有者。24岁的时候，他是一家农业机械厂的总经理，不到5年，他就如愿以偿地拥有了百万美元的财富。这个来自乡村粗陋木屋的少年，终于如愿以偿地成为银行董事会的一员。

这个少年在活跃于实业界的67年中，实践着他年轻之时来纽约学到的那些名人的基本信条，即多结交一些有益的人做朋友，会见成功立业的前辈，能够转换一个人的机运。

犹太人说："和狼生活在一起，你只能学会嗥叫，和优秀的人接触，你就会受到良好的影响，耳濡目染，潜移默化，成为一名优秀的人。"比尔·盖茨也曾说："有时决定你一生命运的在于你结交了什么样的朋友。"

有一些年轻人，有"恐高症"，就是不喜欢比自己优秀的人。然而在职场上，你完全可以和与自己地位相仿的人打成一片，但是你要想往高处走，就要学会与比自己优秀的人互动。

记得小时候，我们都能够直率地表达崇拜英雄的心意。可是年纪一大，就以为不得不将这种心意隐藏起来。隐匿崇拜英雄的心意是错误的，设法与你所崇拜的人接近才是最好的方法。这不但能使对方感到高兴，而且会鼓励你，增加你的勇气。

怀特是美国一家铁道电信事务所的新雇员。16岁时他便决心要独树一帜。27岁的时候他当了管理所所长。后来，成为俄亥俄州铁路局局长。

他的儿子上学读书时，他给儿子的忠告是："你在学校一定要和一流人物结交，因为有能力的人不管做什么都会成功的……"

你也许会觉得这句话非常的庸俗。但是请不要误会，把一个有能力的人作为自己的榜样不是可耻的事情。朋友与书籍一样，一个有能力的朋友不仅是我们的良伴，更是我们的老师。

一个普通人要与一个伟大的人缔结友情，跟第一次就想赚百万美元一样，是相当困难的事。原因并非在伟人的超群拔萃，而在于你自己心中的那种忐忑不安。

年轻人之所以非常容易失败，是因为不善于与比自己优秀的人交际。第一次世界大战中，法兰西的陆军元帅福煦说过："年轻人至少要认识一位精于世故的老年人，请他做自己的人生顾问。"萨加烈也说了同样的话："如果要求我说一些对年轻人有益的话，那么，我就要求他们经常与比自己优秀的人一起行动。就人生而言，这是非常有益的事情。和比你优秀的人交朋友，应该是人生中最大的乐趣了。"

现实中不少人总是乐于和比自己差的人交际，这在心理上的确感到安慰。因为在与友人交际时，心中能产生优越感。可是从这些不如自己的人身上学到的东西显然不如从比自己优秀的人身上学的多。

人们可以从劣于自己的朋友身上得到心灵上的慰藉，但也必须获得优秀朋友给自己的刺激，以助长自己的勇气。

总之，一个成功的人，很大程度上有赖于比自己优秀的朋友的帮助，才能不断地使自己力争上游。从比自己优秀的人身上你可以学到很多在其他地方学不到的东西，他们的想法和心态对你的成功都具有很大的影响。

做人做事黄金箴言

朋友和书籍一样，一个有能力的朋友不仅是我们的良伴，更是我们的老师。一个成功的人，很大程度上有赖于比自己优秀的朋友的帮助，才能不断地使自己力争上游。多结交一些有益的人做朋友，会见成功立业的前辈，能够转换一个人的机运。

职场变形记

当莱特兄弟在经营自行车行的同时，动手研制能在天空中飞行的飞机时，人们都说"不可能"；但经过不懈地努力，飞机终于上天了，并且很快成了时速最快的运输工具。莱特兄弟把"不可能"变成了"可能"。

当全世界都认定中国是贫油国，地下找不到石油时，李四光带领他的地质勘探队，找到了一个又一个蕴藏丰富的油田，把"不可能"变成了"可能"。

事实上，很多事情看似不可能，但只要你换一种方式去做，并突破固定思维的束缚，很多"不可能"都会变成"可能"。

1921年6月2日，《纽约时报》为纪念电报诞生25周年，发表了一篇评论。评论中透露了这样一个信息：现在人们每年接收的信息是25年前的25倍。

在大多数读者眼里，这是一句普通的话，普通得甚至很多人读后就忘记了。但是，在一些喜欢思考而且眼光独特的人眼里，这却是一条极具商业价值的信息，美国至少有30位人士立即对这一信息做出了迅速的反应，即准备创办一份文摘性刊物。他们在不到两个月的时间内，都到银行存了1000美元，作为资本金，并办好了营业执照。

然而，当他们到邮政部门办理有关发行手续时，邮政部门告诉他们，由于很快就要进行中期选举，此类刊物的征订和发行暂时不能办理，解禁时间也不知道到什么时候。总之，在这种情况下办这样的一份刊物是不可能的，因为大环境不理想。

听到这个消息后，有29个人认为局势对创业不利，于是他们很快就递交了暂缓执行的申请。但是，一个名叫德威特·华莱士的年轻人却没有理会这一套，也没有把别人那句"不可能"的话放在心上。他认为，"不利因素"也可能转化为商机，这不，邮政人员一句话，就为他"消灭"了29个竞争者。

华莱士回到他租住的纽约格林威治村的一个储藏室，在未婚妻的帮助下，他们一共糊了3000个信封，并装上征订单寄了出去。就这样，《读者文摘》诞生了，而且很快创造了奇迹。到了20世纪末，《读者文摘》已拥有19种文字和48个版本，畅销137个国家和地区，用户1.1亿，年收入5.5亿美元。几十年以来，在美国期刊排行榜中，《读者文摘》一直牢牢坐在第一把交椅上。《读者文摘》取得的成绩，证明了华莱士已把人们认为的"不可能"变成了"可能"。

在工作中，假如我们也能像华莱士那样，遇到困难时就换一种思维，换一个角度去看问题，这样就能发现事物有利的一面。如果华莱士也像其他人一样认为"这是不可能"的，那么，现在美国期刊排行榜上，就不一定有《读者文摘》的名字，而华莱士也不可能成为著名的企业家和慈善家。

华莱士成功的经历告诉我们：成功者绝不会等到时机成熟、万无一失时再开始工作，只有那些在既定的环境中能从"不可能"中看到希望，并自动自发去把事情做到极致的人，才有可能获得成功。

在现代公司里，一些员工之所以总是遭遇失败，是因为他们习惯于做事时要等到万无一失再动手，或是一遇到障碍就退缩。因此，在接受上级的工作指令时，他们总是抓住那些消极的因素不放，而不去通过自己的努力，把消极的一面变为有利的一面。

在工作中，永远也不要消极地认定什么事情都是不可能的。首先你要认为你能行，然后去尝试，再尝试，最后你就会发现你确实能做任何事。这样，在任何领域你都能获得成功。

遗憾的是，在很多大企业里，抱着"不可能"心态的员工还有很多，他们不敢冒险，在遇到严峻形势时，习惯的做法是小心谨慎，保全自己，其结果是一辈子平平庸庸，没有任何大的成绩。

其实，没有什么不能做，要知道冒险与收获就像你的左手和右手，常常是结伴而行的，要想有好的结果就要敢于冒险，要有把"不可能"变成"可能"的魄力。许多成功人士不一定比你会做，重要的是他们比你敢做。

做人做事黄金箴言

成功者绝不会等到时机成熟、万无一失时再开始工作，只有那些在既定的环境中能从"不可能"中看到希望，并自动自发去把事情做到极致的人，才有可能获得成功。

完美晋升之道在于快人一步

"笨鸟先飞"、"先下手为强"原来是具有贬义色彩的词语，但是在当今的社会，它却成为人们取得成功的第一步。因为，它教会了人这样一个道理——始终比他人领先一步。做主导者，并非跟随者，我们知道：永远在别人的后面是很难超越前者的。我们所熟知的很多成功案例都是先行者抢战了商机，并最终获得了市场，同时也收获了成功。

古希腊哲学家苏格拉底曾说："要使世界动，一定要自己先动。"谚语也说："早起的鸟儿有虫吃。"这些充满智慧的话语和谚语道出了一个道理：凡事要积极行动，消极等待则什么也得不到。

这个道理在商界中同样适用。商机往往转瞬即逝，一个消极被动的企业只有死路一条，即使是一个"巨无霸"型的成功企业，稍有松懈，也会在一夜之间轰然倒塌。因此，一些智慧的管理者总是在商机来临之前，就比别人抢先一步行动，这样做的结果是企业越做越强，越做越大。而反观那些消极被动的管理者，不管他本人具有多么精深的管理知识，但由于他的拖延、等待，商机一次又一次地被错过，而企业的发展就会止步，甚至会萎缩和消亡。

"一步落后，步步落后；一招领先，招招领先。"这是富士康集团CEO郭台铭经常对员工讲的一句话。他是这样要求员工的，自己更是这句话身体力行的实践者。富士康集团在30年的时间内持续壮大，并连续7年入选美国《商业月刊》全球信息技术公司100强排行榜；公司经营的范围横跨计算机、通讯和电子领域，是微软、惠普、戴尔的重要合作伙伴。富士康之所以取得如此骄人的业绩，可以说与郭台铭无论做什么始终抱着"比他人领先一步"的工作方式有极大的关系。正因为认识到积极行动、事事比别人领先一步，就能抢占先机，富士康才成为"全球代工之王"，而郭台铭也被竞争对手称为华人电子业的"成吉思汗"。

在业界，郭台铭是最善于发挥主动性、抢占先机的人。只要他认准了的机会，不管是对人还是对事，他都会在第一时间抢在别人前面去做。

一次，海外某公司的一位采购员准备到中国台湾去采购一大批计算机方面的产品。为了争取到这个大客户，台湾几家大型的计算机代工工厂都派出人马去机场等待采购员下飞机，准备把他接到自己的公司。一家计算机代工工厂的主管亲自带队，以为志在必得，一定能把采购员接到自己的公司。但是出乎意料的是，在出关大厅里，他看见广达董事长林百里亲自出马，率领工作人员也在这里等候。看着对方强大的阵营，这位主管心中叹道："没想到一开始就落于别人下风，自己已迟到了一步。"但他还是硬着头皮，和林百里一起等待那位采购员，心里想着至少可以和对方打个招呼。飞机降落后，各公司派出的迎接代表都往接机口涌去，谁都想把这位"财神爷"请回家。然而令众人意想不到的是，当那位采购要员出现在他们的视野中时，他的身边却多了个郭台铭，他俩谈笑风生，所有在场的接机人员都愣住了。

原来郭台铭早就掌握了对方的行踪，并抢在竞争对手的前面，在客户转机来台时，"巧遇"他，并和他搭上同一航班回台。郭台铭仅仅比别人领先一步，就为公司争取到了一大笔订单，因为那位采购要员和他一起回到富士康的总部。

由此可见，始终比别人领先一步是非常有必要的。否则，策略再好，管理能力再强，但迟迟不行动，总是落人背后，一切都是枉然。

然而，有些人却常常忽略了领先一步的重要性。当他们做好某一产品进入市场的准备工作后，还来不及上市时，就发现竞争对手的同类产品已占领了市场的大部分份额；当他们组织科技人员攻克某一产品的技术难关，还来不及庆功时，就发现竞争对手已先他们一步推出了同类产品；当他们准备与某外企共同开发一种极具市场潜力的新产品，并签订合作协议时，却发现市场上刚推出同类产品，而且产品一上市就受到了欢迎；当他们准备把"绣球"抛向某技术权威，欲请他为公司的顾问，增加公司的知名度时，该"权威"却已于一天前接受了其竞争对手的邀请……

在市场竞争日益激烈的今天，企业要想生存、发展和壮大，企业员工就必须摒弃自身决策缓慢、遇事犹豫不决等不良习惯。当企业始终比别人领先一步，决策果断，行事迅速时，企业就会越来越具有竞争力和生命力。

做人做事黄金箴言

永远在别人的后面是很难超越前者的。凡事要积极行动，消极等待则什么也得不到。始终比别人领先一步，才能立于不败之地。

要忠诚也要业绩

有不少人经常这样抱怨："我在公司这么多年了，没有功劳也有苦劳啊？怎么这么久还没有被提拔，薪水没有得到增加呢？"还有不少人认为，作为一名员工，忠实可靠、尽职尽责地完成老板分配的任务就可以了。如果你这么想，那就大错特错了。忠诚是根本，但不是全部。根本与全部之间是有一段距离的，做好了基本的事情并不等于一定就能达到最好。你如果想在企业里获得更大的发展，不仅要对企业忠诚，而且还要为企业创造突出的业绩。

对企业忠诚是员工必须做的事，但并不意味着仅有忠诚就会成为一名优秀的员工。所谓"在商言商"，企业不是慈善机构，企业最主要的目的是赢利，让生意越做越大，这是关键。企业雇用你就是为了达到这一目的，但要达到这一目的，除忠诚以外，更大程度上还需要你做好工作，创造出更多有利于企业的价值。

对员工而言，通过一系列财务数据反映出来的工作业绩，最能证明你的工作能力，显示你过人的能力，体现你个人的价值。

既对企业无比忠诚，又有突出业绩的员工才是最受企业领导器重的员工。如果你在工作的每一阶段，总能创造突出的业绩，企业领导和同事都会对你刮目相看。你将会被企业领导大力提拔，并会被委以重任。因为出色的业绩已使你变成一位不可取代的重要人物。如果你只是懂得忠诚，毫无业绩可言，你在企业将得不到重用，因为企业领导只会重用既忠诚又有能力的人。

你千万不要因此而责怪企业领导薄情寡义。一个企业要想长期发展，仅仅依靠员工的忠诚是不够的。一家成功卓越的企业背后，必有一大批能力卓越、忠心耿耿且业绩突出的员工。没有这些员工，企业的辉煌事业将无法继续下去。所以，企业领导既看重忠诚，也看重业绩，这是无可厚非的事情。

有一位职业演讲家曾聘用两名年轻女孩当助手，替他拆阅、分类信件。两个女孩均对演讲家忠心耿耿。但其中一个虽然忠心，却粗心、懒惰，能力不足，就连分内之事也做不好，结果被解雇了。

另外一个女孩却常不计报酬地做一些并非自己分内的工作。例如，替工作繁忙的演讲家给客户回信等。她认真研究这位演讲家的语言风格，以至于这些回信和演讲家自己写的一样好，有时甚至更好。她一直坚持这样做，并不在意演讲家是否注意到自己的努力。终于有一天，这位演讲家的秘书因故辞职，在挑选合适人选时，演讲家自然而然地想到了这个女孩。

故事并没有结束。这位女孩能力如此出众，引起了更多人的关注，其他公司纷纷提供更好的职位邀请她加盟。为了挽留她，这位演讲家多次提高她的薪水，与最初当一名普通助手时相比，已经高出了4倍。尽管如此，演讲家仍深感其"物有所值"，其出色的业绩远非提高4倍的薪水所能匹敌的。

总之，你千万不要以为自己有了忠诚，获得了老板的认可，就有理由保证自己不被列入裁员的名单中。仅靠忠诚获得老板的欢心，只能是短暂的。只有忠诚和拥有出色的业绩，才是老板最看重的，才是你在企业立于不败之地的真正王牌。

做人做事黄金箴言

仅靠忠诚获得老板的欢心，只能是短暂的。只有忠诚和拥有出色的业绩，才是老板最看重的，才是你在企业中立于不败之地的真正王牌。

高层多为劳心者

柴艳在一家中央级媒体做编辑已有7年，是部门的业务骨干。由于单位事业编制已满，她一直以聘用人员身份工作。北京市要求年收入12万元以上的人员主动报税，同事间的收入变得透明起来。

"我们每个月拿六七千元，他们编制内员工年收入大多超过12万。"柴艳感到不公平，但别无选择。

我国的薪酬分配制度一直以来坚持两大原则：按劳分配和按生产要素分配。在职场，有时候你会发现，干得最多的那个人往往是工资最低的人。同工不同酬的现象也普遍存在。也许有人说，这是国企病，但是即使在私企，同工不同酬的现象也是普遍存在的。

A和B是同一天进入公司的。但是B的工资一直比A高出1000元。那么，A怎么就忍心干下去呢，原因就在于：A根本不知情。用一个工资保密的把戏，私企老板们很容易就欺骗了员工。

本科毕业的小D工作一年后才加入了现在这家公司，在他刚到销售部时繁杂的工作让他有些不知所措。同事中有一个年龄跟小D差不多的女孩，比他早进公司几个月因此对也许比较熟悉。小D在工作中遇到的问题经常向她请教，她也挺热情，一来二去，小D和她很快就成了好朋友。

就这样小D渐渐对工作熟悉起来，也做出了不少业绩。可他也开始感觉到自己的所得相比付出来说，似乎少了一点。但是公司有个不成文的规定，就是同事之间不能互相打听和讨论薪水问题。由于没有防备之心，小D私下里把自己的薪水告诉了那个女孩子，她平静地告诉小D他的薪水相比起来还算比较高的，但当小D问她的薪水的时候，她却只是笑笑说，"与你差不多"。于是，小D的心情也就安定下来，更何况他觉得对方业务能力比自己好，薪酬都差不多，于是心里想想也就平衡了些。

就这样，小D在这家公司呆了两年，期间他得到了一次加薪机会，还同那位女同事兼好朋友小小庆祝了下。然而，有些事情完全不是小D想的那样。

同事小李因为与主管不和辞职了，小D挺同情他的，安慰了他几句。没有想到，小李却一脸严肃地说："干脆你也辞职吧，你为公司付出了那么多，却一直这么一点点工资。那个业绩和你差不多的××（就是小D公司的女同事）薪水一直是你的两倍还多……"

听到这里，小D震惊了。他惊讶得天旋地转，半信半疑地追问小李这消息是不是真的。小李只是说："不信自己去问。"冲动的小D跑到这个女同事兼好朋友面前质问，她有点尴尬，试图否认。可是，小D却看出来了，小李说的是真的。小D简直不敢相信自己就一直这么被欺骗着。

愤怒的小D当时就想闹到老板那里，这太不公平了，大不了辞职。可终于，小D总算还有些理智，冷静下来思考，"业绩我们不相上下，她是比我要能说会道些，可是，工资也不至于相差那么大。原因到底出在哪里？"其实小D内心深处，并不很想跳槽，但继续呆下去，他想自己是无法忍下这口气的，这样同工不同酬的待遇真让人抓狂，但是小D感到困惑了，不知道该怎么办？

小D不仅遭遇了职场"好友"的欺骗，更被公司狠狠地涮了一把。但是职场类似的故事却仍旧上演着，这同工不同酬的现象成为职场中的黑洞，却也反映出职场中另一方面的猫腻：因为按照实际劳动进行合理分配解释不通，所以有人将按劳分配作出了经典的诠释——按照"劳心"分配。

职场中人，劳力不如劳心在今天的各种职场我们随处可见，临时工比不上正式工，建筑工人比不上建筑师，司机比不上经理，经理比不上老板，无数事实证明劳心者运用智力资本领导人力、财力和事业方向，所得收益远远多于劳力者。

或许可以这样定论，职场中人的所得收益，与劳心成正比，与劳力成反比。正因为此，大家才千方百计地往高处爬，毕竟高层代表着"劳心"。

劳心者治人，劳力者治于人。相同的道理：劳心者运用智力资本领导人力、财力和事业方向，所得收益也远远多于劳力者。

升职前的热身运动

身为一名现代职场人士，你必须要明白为自己创造升迁机会之前，你必须先做好一些必要的热身工作：

1. 发挥各方面的才能

别老是专注于一项工作的专长。否则，领导为了怕找不到合适人选替代你的位置，就不会考虑到有关你的升迁问题。虽然专心投入工作是获得领导赏识的主要条件，但除了做好本身的工作外，也要让他知道，你具有各个方面的才能。在其他同事放大假时，你可以主动提出替同事处理事情。这样做，一则可以从中学到更多的东西，二则证明你对公司有归属感。

2. 让领导依赖你

多花些时间搜集有关工作的资料，遵守公司的规则，多找些机会与领导接触。久而久之，领导已经习惯于依赖你的工作，你就奏响了获得晋升的前奏。

3. 与领导建立友谊

这是不容易做到的。特别是异性之间，太过亲密反而会使同事产生误会，从而对前途有害。不过，你不要奢望领导会对你付出真正的友谊，他只是需要感到你的友善罢了。然而，能够达到这一目的，也就足够了。

4. 了解公司的制度

先了解公司的晋升制度，才能有明确的为之奋斗的目标。一般来说，公司的晋升制度有以下几种：

第一种：选举晋升。从一小撮人中选出某人的晋升，人事关系的因素较大。

第二种：学历晋升。领导深信，学历高的员工会为公司带来更大的利益。

第三种：交叉晋升。是指由一个部门升级到另一个部门。

第四种：超越晋升。是指由于贡献特大，从而获得较大幅度的提升。

以上所列的，是带有普遍性的大多数公司中的晋升制度。每一家公司都有其晋升制度。如果你所在的公司是以循序渐进的方式晋升的话，那就很不走运了。尽管你很有才干，也得熬上多年，才能期望得到一个较大的晋升机会。对于一个有才干的员工来说，在这种晋升制度的环境下工作，才能会得不到充分发挥。

并非每个领导都是明智的。在很多时候，领导需要经过手下人在言语或行为上的提醒，才能触发其晋升某人的念头。当你了解领导是这种被动的人之后，与其期望他对你主动作出提升的安排，还不如好好为自己的将来动脑筋来得实际。

因此，积极进取和自信的人，应选择可以超越晋升和交叉晋升的公司，挑战性比较大，个人的发展前途也比较光明。在一个理想的环境之下，遇到公司有高职位的空缺，如果你对这个职位有兴趣的话，可以参考下列程序进行操作，这对你获得晋升会大有裨益。

（1）了解该职位谁有资格胜任。所谓知己知彼，百战百胜。虽然了解别人并不一定必胜，但是最低限度，你能由此知道，需要拥有什么条件才能获得晋升，从而为了一次晋升机会作好准备，打下基础。

（2）不妨让领导知道，你对该职位有兴趣，而且提出具体的建议，证明你有足够的资格胜任那个位子，对公司作出更大贡献。

5. 娱乐场所

在公司以外的各种娱乐场所，你也可能遇到自己的领导，你当不失时机地与之问候，如果他需要帮助的话，你可尽力而为。

能表明你与领导兴趣相投的场合是再好不过的了，你千万不要避免让领导看到，相反要主动迎上走，领导怎能不欣赏那些与他兴趣相投的人呢？

6. 在酒会上

在这种社交场合，你更要制造机会让领导把注意力投向你，哪怕几十秒钟都好。你可以在领导一个人的时候，举杯向他致意，轻松说上几句，既让他感到轻松，又消除了他暂时的寂寞。时间要短，行动要快，这是要点。如果你能博得领导的朋友、亲人或是公司重要客户的好感，赢取他们的掌声或是笑声，将无疑会把领导的眼光吸引过来，这时你也应当非常绅士地对领导报以友好的一笑。

匆匆的一遇可能决定着你的未来。你为什么不主动出来争取"注意"呢？

做人做事黄金箴言

升职前必要的热身运动，有助于更好地熟悉适应工作岗位，发挥各方面的才能，同时也能够获得上司的信任和同事的赞同，这是必不可少的过程。

挥别独行侠的日子

小Q在一家房地产公司上班，工作出色、业绩显著，获得了很多大客户。但是她在公司里最大的困扰就是同事关系相处的并不融洽，有一个叫Leila的同事总是有意和她过不去，不停地找她的麻烦。只要小Q的工作出现一点差错，她就会到处大肆渲染；只要小Q的工作做好了，她又对小Q冷嘲热讽。小Q觉得自己遇到这么一个讨厌的同事，真是倒霉透了。

更令小Q生气的问题是在工作中，只要她谈成一个客户，Leila就会对上司说这个客户是她先认识的，还反口诬陷小Q在暗中抢她的客户。两个人就这么明争暗斗，小Q窝了一肚子的火。

要想在办公室里生存，要想在职场这个没有硝烟的战场上赢得最后的胜利，靠的是你的能力和智慧，靠的是你对进退分寸的拿捏和把握，靠的是害人之心不可有，防人之心不可无的谋略。你需要知道，职场上没有永久的敌人和朋友，这里只有竞争者和合作者，只有和职场里方方面面的人物搞好关系、和平共处，你才能在职场之路上有一席立身之地，才能走的远、走的高。

职场里争吵、冷战的现象屡见不鲜。同事之间常常是明是朋友，暗中都视对方为死敌，于是，小小的办公室里也是硝烟弥漫。职场就是名利场，小Q的苦恼在现代职场来说非常普遍。工作上的激烈竞争，职场里每个人期望的目标不一样，加上背景和个性的差异，导致同事之间的关系非常紧张。身在职场，令人崩溃的压力无处不在。于是很多人开始感叹，职场中难道只有这种氛围吗？同事之间难道真的就无法和平共处？

造成我们工作压力的最大根源并不是因为同事之间这种不可化解的矛盾，是我们不太在意同事之间的相处之道。只要沟通有度，任何同事之间都可以化解那层看似无法化解的矛盾。也许对于小Q的同事Leila那样的同事，想要井水不犯河水显然是有一定难度的。

遇到像Leila这样难以相处的同事时，需要做到适度而止，把握好三个度，即向度、广度和适度。所谓向度就是同事之间交往的利益所在。同事之间的交往和沟通的利益所在就是学习如何协同做事的经验、如何协同努力、相互尊重，共同获得工作的成就感。比如与Leila这样的同事合作就需要有宽容大度的气量，提升自己的修养，视角不能过于狭窄，否则不仅同事之间关系不和，而且相互之间限制对方的发展，无非是伤人害己，自寻烦恼。另外，在同事之间沟通合作时要全面和辩证地看待问题，多发现和学习对方的优点，不做过激的行为，减少同事间的摩擦，不因为同事关系影响到工作的开展。只有搞好关系、和平共处才能皆大欢喜，取得各自的利益。

韩清是一所大学中文系的才女，从学校里一直担任记者团的职位，在各类报刊上也发表了不少的文章，在毕业的前一年还担任了校刊的主要负责人。在大学毕业后她进入一家IT公司担任网站编辑，老板很欣赏她的才气和文雅的气质。

才华横溢的她在职场上并不是游刃有余，相反，她在办公室里遭遇了处处碰壁的情形。因为老板总是夸奖韩清的才气，引起其他女同事的不快和嫉妒。而且，个性要强的韩清不喜欢求人，也不善于搞同事关系，她与其他同事之间近乎没有交流。

韩清对电脑技术并不熟悉。有一次，她遇到一个网页设计上的问题，只好去问公司里搞技术的小万。IT业里靠技术吃饭，哪怕一个非常简单的问题，他们也通常不会轻易透露和给予解决。韩清看到小万这般不乐意的样子，赌气跑到隔壁办公室里求助技术总监去了。总监看到如此简单的一个技术问题竟然不去问周围的同事，竟然舍近求远的跑来求助，心里立刻留下一个处理不好关系的印象。

又有一次，总监正好不在，韩清只好硬着头皮去问小万。小万表现得很不耐烦，韩清的自尊心受到了打击，发誓再也不问他了。后来幸好此时隔壁的技术部又来了一位男同事，韩清于是常常跑去求助这名新同事。久而久之，韩清和同一部门的小万的关系日益冷若冰霜，这种做法也让她的上司有了看法。韩清为此陷入了困惑与苦恼中。

松下幸之助说过："同事是一面镜子，不能省察于己，常是错失好运的原因。"韩清的问题在职场中也经常出现，心高气傲，不喜欢去讨好人，喜欢独立独行的做法会把自己和外界孤立起来。因此，这种做法就渐渐地疏远了自己和同事之间的关系，不仅影响到自己在工作上的发展，而且也给老板留下一个不善于沟通、不会搞好人际关系的印象。任何一家公司，良好的人际关系才是保持公司运作和发展的动力。只有搞好人际关系，善于与他人合作才能利于自身的发展，才能为他人、为公司带来利益和好感。

一个人在职场中人缘怎样、表现如何，往往可以通过同事们对其的态度和评价折射出来。每一个与我们一起工作的人都无时无刻不对我们形成看法、作出评价，并使得他们的意见和评判影响他们对我们的行为方式。因此，要想改变他人对我们的关系，首先要从改变我们对他们的态度开始。

同事既是你的竞争者又是你的合作者，这个矛盾的统一体常常让我们不知所措。其实，无论竞争还是合作，都是利益上的关系，是源自于利益上的冲突；另一方面来说，是竞争还是合作取决你自身的态度。如果你对他抱之以善，那么相信他也会友善对待你，毕竟两人的合作会创造出更大的价值，而竞争只能让可以分享的价值越来越小。

同事之间必然存在竞争，但是不可因为竞争而视对方为仇敌，破坏与打压他人。在职场，只有心中无敌，才能无敌于天下。正如罗曼·罗兰所说："只有把抱怨别人和环境的心情，化为上进的力量，才是成功的保证。"我们要学会客观而正确地重新认识和对待同事，因为他不仅仅是你的竞争者，更是你的合作者，而抉择权就在你自己手里。

做人做事黄金箴言

职场上没有永久的敌人和朋友，只有竞争者和合作者，只有和职场里面方方面面的人物搞好关系、和平共处，你才能在职场道路上有一席之地，才能走的远、走的高。

有目标才不会迷失方向

"还是学生的时候，我就希望自己能够成为一家大公司的领导。如今我已经成功了。"32岁的阿P感怀地说道。阿P目前是北京一家大型企业集团的内控处处长，谈到自己的从业经历，阿P表示，自己也曾经走过不少弯路，但是由于自己有明确的目标，最终还是实现了自己当初的理想。

1995年，阿P考上了哈尔滨理工大学，他选择了会计电算化专业。在上学期间，他就开始给自己定下了一个长远的就业目标——到大公司成为领导。临近阿P大学毕业之时，他看到身边的很多同学都准备考研，他也准备加入考研的行列中。但是他却突然有了一个新的认识，如果要从事财会这一行业，学历并不是最重要的，重要的是资质。于是，他放弃了自己的想法，选择自学注册会计师和注册税务师的课程。

在这个目标的指引下，阿P动力十足，刻苦努力地学习这些课程。在他大学毕业时，他不仅获得了本科证书，同时，还获得了注册会计师和注册税务师的资格证书。有了这两个证书阿P成功走入职场，寻找到一份满意的工作是很轻松的。

他先后在哈尔滨一家税务师事务所和一家会计师事务所工作。但是工作了一段时间后，阿P发现公司的状况和他的理想相差太远，于是他放弃了这份令人羡慕的工作，只身一人来到了北京。在这个大都市里，他首先寻找到一家会计事务所工作，以便积累自己的经验。后来他又挂职在另外一家大型的会计事务所，同时应聘到一家大型企业集团工作。由于业绩非常突出，2004年，阿P升任这家集团的内控处处长。

从一名注册会计师到大集团内控处处长，阿P只用了4年的时间。同时，为了实现自己的理想，阿P曾经放弃了年薪12万的项目经理的职位，选择了目前年薪7万的岗位。对此，有人表示不理解，但是他却说："这就是我的理想。"他之所以成功，是善于总结自己，并不断给自己确定一个明确目标和方向，只有目标明确了，路才会走的踏实，才会走的长远。

从阿P的职场案例中我们不难看出职场成功人士之所以成功的秘诀——明确的目标。有了正确的目标才能开拓出自己的事业，走向光明的前途。也许通向自己的目标之路是困难重重的，但是因为目标明确，有目标的指引，即使会走些弯路但是最终还是会走向成功，明确正确的目标是成功的一半。

阿P的成功是因为他从大学时代就已经给自己定下一个比较务实的远大目标，这个目标虽然困难，却并不难实现。但是很多职场中人之所以没有成功，不是因为没有树立一个目标，就是因为给自己树立的这个目标不切实际，不但让自己无法踏实地工作，而且也发挥不出目标的激励作用。当我们付出很多努力仍然无法达成这个目标时，就会挫伤积极性，使我们变得倦怠和灰心。

卡耐基说："不甘作平庸之辈的人，必须要有一个明确的追求目标，才能调动起自己的智慧和精力。"因为明确目标才能走向成功，因为目标明确就会有充足的动力和信念坚持下去，明确正确的目标将会使你早一步走向成功。

即使对我们如今身在职场中的人们来说，即刻就可以树立一个职场目标，并开始朝着这个方向努力，但在工作中，你要把每一件小事都和远大的固定的目标结合起来。因为有了明确的目标才能调动你工作的热情，你在职场才不会迷失方向。

树立职场目标的原因很多，意义也很重大。人类进步的源泉，就是欲望，永不停歇的欲望。站在人类角度看，所有的伟人都具有比天还高的志向，正是这种信念，才支撑着他们克服种种艰险，达到最后的目标。你若没有一个奋斗目标，就不可能进取地往上爬，到最后只能成为别人的牺牲品。而你为之奋斗的目标，绝对不能是短期内可以实现的。一个人太容易得到满足，就会沉溺在满足里面不思进取。很多职场中人没有一个自己的目标，被上司一番慷慨激昂、天花乱坠的陈词说得心动不已，殊不知自己已经跌入他人的职场陷阱中。

因此，你必须时刻谨记这么一点：他人的职场目标和理想始终都不是你的职场目标。如果你实在没有职场目标，那么就多多赚钱吧。现今这个社会是个商业社会，绝大多数的人都会用钱来衡量你，你可以不物欲，但你挡不住别人用物欲的眼光来看你。身在职场中，你如果没有向上爬的欲望，那就需要有赚钱的想法。因为在职场上，高薪代表了你的价值。

任何时候，都一定要记住你所设定的目标，或是多多赚钱。千万不要忽视这一点，否则你就会跌入别人的陷阱里，被人利用，然后被人毫不留情地丢弃。

正确的目标是成功的一半。有了目标的指引，才不会迷失方向，少走弯路。任何时候都一定要牢记自己所定的目标，否则你就会跌入别人的陷阱里，被人利用，然后被人不留情地丢弃。

突破职业周期，坚持学习

俗话讲"活到老，学到老"，这不仅是指学习的面更广，还指学习的时间要更长久。历史绵延很久的"一次性学习时代"已经终结，取而代之的是终身学习，以不断掌握新知识、新技能。

当知识成为在竞争中制胜的关键要素时，这是社会和企业发展对员工提出的新要求。我们必须不断补充学习各种新知识、新技能，以提高自身的价值，为企业做出更多的贡献。

福特公司CTO（首席技术官）路易斯·罗斯有一个著名的观点："在你的职业生涯中，知识就像牛奶一样是有保鲜期的，如果你不能不断地更新知识，那你在职场中便会快速衰落。"

当今社会，再高的学历也不能成为不学习的理由。事实上，在科技日新月异的今天，学历在职场上的有效期越来越短。

曾经有位记者这样问李嘉诚："今天你拥有如此巨大的商业王国，靠的是什么？"李嘉诚回答说："依靠知识。"有位外商也曾经问过李嘉诚："李先生，您成功靠什么？"李嘉诚毫不犹豫地回答："靠学习，不断地学习。"的确，不断地学习知识，是李嘉诚成功的奥秘！

李嘉诚勤于自学，在任何情况下都不忘记读书。青年时打工期间，他坚持"抢学"，创业期间坚持"抢学"，经营自己的"商业王国"期间，仍孜孜不倦地学习。一位熟悉李嘉诚的人说，晚上睡觉前是他雷打不动的看书时间。早在办塑料厂时他就订阅了有关塑料方面的英文杂志，既学英文，又了解世界塑料行业最新的动态。应该说在当时，懂英文的华人在香港社会是"稀有动物"。也正是因为懂得英文，使得李嘉诚可以直接飞往英美，参加各种展销会，谈生意可直接与外籍投资顾问、银行的高层打交道。如今，尽管李嘉诚已事业有成，仍爱书如命，坚持不懈地读书学习。

李嘉诚说："在知识经济的时代里，如果你有资金，但缺乏知识，没有最新的讯息，无论何种行业，你越拼搏，失败的可能性越大；但是你有知识，没有资金的话，小小的付出就能够有回报，并且很有可能达到成功。现在跟数十年前相比，知识和资金在通往成功的道路上所起的作用完全不同。"

一家大公司的总经理，曾对前来应聘的大学毕业生说过这样一段话："你的文凭是你应有的文化程度，它的价值体现在你的底薪上，但有效期只有三个月。要想在这里工作下去，就必须知道该学什么。如果不知道该学习些什么新东西，你的文凭在这里就会失效。"这位总经理是要告诉我们：企业招聘人才，文凭只是一块敲门砖，不断学习才是开锁的钥匙和向上的阶梯，学习力决定你的竞争力。

现代社会知识和技术不断更新，大学里所学的知识和技能用不了几年就已经过时淘汰了。我们现在所掌握的一切技能，很有可能在不远的将来就被新技术取代而毫无用处。在企业看来，文凭只是一个知识积累的标志，企业用人更看重的是发展潜力与解决实际问题的能力。

众多国际著名的大企业都十分重视员工的学习能力，德国独立软件供应商SAP公司就是如此。在SAP公司看来，技术和知识都是可以经过实践获得的，与学历的高低并没有必然的联系。因此在招聘员工时公司更注重应聘者还能学习多少新知识，还能提高多少。飞利浦公司也非常注重员工的学习潜力，除业绩评估外，还对员工做潜能评估。

诺基亚更是一个学习型的公司。每一个进入诺基亚的新员工，都会有一个入职培训阶段，这个阶段大约持续3~6个月。在这一阶段中，新员工将在与老员工、高级技术人员甚至专家的共同合作中学习，如果有必要，他们还有可能被派出国学习几个月。越来越多的企业，正在效仿这些国际著名企业的先进理念，员工的学习力受到了前所未有的重视。

不管是谁，要想持续适应社会需要就必须不断地学习，作为企业的员工更应如此。我们每一名企业成员都必须不断加强学习，成为学习型人才，使自己适应社会发展、企业发展。我们必须树立终身学习的意识，在工作中学习，在学习中工作，不断提高自身综合素质，一方面为企业创造价值，另一方面实现我们自身的价值和追求。

亨利是英国BBC晚间新闻主播，他虽然连大学都没有毕业，但是却把事业作为他的课堂。他当了3年主播后，毅然辞去人人羡慕的职位，到新闻第一线去磨炼，干起了记者的工作。他在英国国内报道了许多不同的新闻，并且成为英国电视网第一个常驻中东的特派员，后来他又成为驻美洲地区特派员。经过这些历练后，他重回BBC电视台。此时，他已由一个初出茅庐的年轻小伙子成长为一名成熟、稳健而又受欢迎的主播了。

壳牌美国石油公司总裁卡洛说："应变的根本之道是学习。"这也印证了诺贝尔经济学奖得主舒尔茨的一句名言："投在人脑中的钱比投在机器上的钱能赚更多的钱。"

我们必须努力通过各种方式，向身边的人学习一切有用的知识和技巧，学会与同事交流，通过思想的碰撞、经验的汇集，以及知识的共享提升自己的能力。学习力已经成为最根本的竞争力。

21世纪，你唯一的竞争优势就是比你的竞争对手学得更快、更多、更好！

做人做事黄金箴言

21世纪竞争的关键是科学技术，更是学习。学习力决定竞争力，你唯一的竞争优势比你的竞争对手学得更快、更多、更好！

第五章
做事要有"心计"

公司是展示你价值的地方，是社会的一部分。正如"麻雀虽小五脏俱全"，，无论你的公司提供的舞台多大，这都是一个小小的职场名利场。你需要学会为人处世，更要学会如何做事。

在职场中，有的人做事的岗位看似无光，却干出了不平常的业绩，不仅评上了"劳模"，当上了"标兵"，而且其做事的方法也被推广，甚至成为一种"标准"；有的人做事的岗位虽被认为是前途无量，却怎么也发不出一点光，透不出一点亮，甚至老是入不了"门"，进不了角色，虽天天忙得不可开交，工作却是不见起色，结果老板越看越不顺眼。做事是一门学问，不可等闲视之。

全力打造自己的招牌

总经理从某些渠道得知，河南某小城需要本公司的产品。于是他有意选派人员前往，大家都知道这项任务绝非美差，工作难以出成绩，拿不到多少出差补助，而且当地的娱乐条件有限，生活会很枯燥。于是，大家纷纷找理由推诿，有的说自己手上的案子要跟进，有的说家里有事不能离开。

最后，小Y主动揽下了这项艰巨的任务。不出所料，在河南小城出差的日子并不如意，小Y仿佛有了度日如年的感觉。更重要的是在该城联系的几家工厂，都没有采购他们的产品，只有一家签了初步合作的协议。回到深圳后，因为小Y敢于接受高难度的工作任务，不推三阻四，老总不但没有给他脸色看，恰恰相反，他认定小Y责任能力强，敢于接受挑战，把他列为重点培养对象。

高难度的工作或许蕴藏着失败的可能，但是敢于挑战的精神是值得肯定的。公司领导决不会盲目批评和责备，而会清楚地看到你的努力。

许多员工都不喜欢自告奋勇地去承担额外工作，因为他们已经担负了很多的任务。但是，有一个秘密是公司绝不会告诉你——他们将"自告奋勇"视为该员工已经在自身岗位上成长起来的信号。有余力处理其他事务，说明你已经做好了升职准备，而主动承担任务的举动也向其表明了你愿意为公司效力的态度，这会使你被公司视为值得信赖的员工，同时公司会认为，你能够将自己与公司紧密相连，认同公司价值且重视公司需要。

因此，当一件尚需尝试的新事物或是一个新项目交付到你所在的部门时，你应该自告奋勇，将其主动承担下来。例如，在上司提出"谁愿意承担此任务"时，你应立即举起手来，这会使你看上去显得非常干练，同时又能够彰显你不怕啃硬骨头，甘愿承担额外任务的工作精神。

不过需要注意的是，不要承揽自己能力之外的事务，例如自己必然无法完成的任务，这样一来只会使自己很难堪。你可以向上司表示："我真的很愿意去担当此事，但是如果时间能够推迟到下周一就好了。"即使事情十分紧急，已然交付于他人之手，但你仍需表明自己的态度。

你想成为公司最有价值的人吗？要知道，一旦你成为公司里最有价值的人，你就会获得绝对的职位保障，紧随其后又会为公司高层所认可，其实，这并没有你想象中那般困难，其秘诀是在做好本职工作的同时，承担一些对公司具有重大意义的额外工作。

在分配任务时，你要秉持着积极的态度，事先做好接球的准备。也许你认为自己早已准备好了这一切，不过倘若公司高层并不知道你在完成本职工作的同时，仍有能力承担额外工作，他们为什么要把项目交给你？领导的生活要比员工更有压力，他们必须负责一些普通员工无须考虑的事情，这就要求他们必须适应"多任务同时进行"的工作方式。如果你能够证明自己现在有能力承担更多工作，同时也就证明了不久之后，你将有能力承担更多任务。

公司总是向为他们创造价值较少的员工分派大量工作，如此员工们就会感觉压力越来越大，负担越来越重。愿意承担额外要求及项目，会使你变得越来越重要。

记住，若要成功地做到这一点，唯一的方式是——你必须具备一套完整的、稳固的日程计划及工作流程安排体系，有效地利用自己的时间及能力。

1. 对别人的请求作出积极的回答

当一些人向你求助时，无论愿意与否，你都必须使他们知道你是乐于帮助他们的，同时答复他们你什么时候可以对其进行帮助。无论他们提出什么请求，你均应以积极、热情的态度与微笑给予其相应回应，"当然"或是"没问题"是他们应该听到的答案，而不是这样的回答："不是吧，我？我看起来很闲吗"？或者"好好，没问题，除非我的日常工作不去做了。"

如果今天你对自己不愿承担的任务加以拒绝，明天你将没有机会获得自己想做的任务。

如果有人需要你的帮忙，而你已经被自身事务搞得头晕脑涨，那么你只需简单地告诉他："我非常愿意帮助你，可是我必须要赶工期，此时没法立即抽身去帮你的忙，至少今天不能。"然后去看看自己的日程安排，察看一下什么时间可以开始下一项目，随后对他说："你看星期四下午2点如何？"事情也许并不像他说的那般紧急，如此最好，你可以将它安排到自己日程之中，届时你也就有时间专心对其进行帮助。

假若事情确实非常紧急，他此时就需要你的帮助，耽误不得，那你则需要考虑一下该优先解决哪件事，又是谁在求你帮忙。若是你的上司，而且他看上去非常着急，你最好改变一下自己的安排。这时要注意，你不但要很好地履行自己的承诺，同时还要赶上原来的工期，并将你当日日程安排上的其他事项一并做好。

大多数情况下，寻求帮助的人不会介意多等几天，如此你便可以将时间定到下周，到时按照日程安排从容地帮助他解决问题。届时，无论发生什么事情，你都要坚守诺言，担当起自己的承诺，如自己所言全力去帮他解决问题。

2. 接手那只烫手山芋

在职位安全问题上，有一个鲜为人知的秘诀——承担那些无人愿意承担的任务或项目。没有人愿意去接这个任务，我去接！但是，你一定要记住的是：这样的事情你只需做一次就足够了！

寻找一个上司不喜欢或时常抱怨的任务，主动帮助他解决这一难题，让他腾出时间处理其他事务。即便他并未将任务交付于你，但他也会喜欢你的主动请缨。当然，一定要使他明白——他可以将任何令自己头疼的事务交给你处理。

如果上司那里没有这种任务，那就主动去承接一个本公司或部门的烫手山芋。倘若你接受了一项无人愿意履行的任务，且最终漂亮地将其完成，那么，公司中再不会有人敢将你赶出去，因为没有了你，他们只能自己去捡那只烫手的山芋。敢于承担别人不敢承担的任务，你注定将成为公司最有价值的人，亦是公司的重点保护对象，这是几乎所有公司均在严守的秘密。

你是否会担心如此做会让自己成为部门之中每日工作时间最长的人，或是你所需承担的工作会较任何人都多？这完全是多余的。其他人怎样选择是他们的事情，怎样的选择就会随之产生怎样的结果。你只要按照上述做法行事，就一定会收获颇丰——能够知道这一点已经足够了。不要考虑部门中的其他人在做什么，唯有如此才能使你在人群之中脱颖而出，进而将那些潜在竞争者远远甩在身后。

做好本职工作的同时，承担一些对公司具有重大意义的额外工作，全力打造自己的招牌，这样可以使你成为公司里最有价值的人，获得上司的认可和重用。

要想升职，必先升值

小D最近想辞职，他认为自己继续留在这家公司里是没有发展前途的。小D在现在这个公司里工作了已经有三年多了，但三年过去了自己依然还是普通员工，甚至连工资都没有加过。小D分析，自己之所以没有得到晋升，是因为自己所做的后勤工作不受重视的原因。

小D所在的这家公司是一家外贸企业，公司很重视销售工作，把销售放在第一位。但是小D是从事后勤工作的，平时负责买些东西、安排一些会议、就餐以及提供一些销售支持等方面的工作。这份工作不仅杂乱，而且也没有容易突出成绩的地方。另外，这家公司还是一家"家族企业"，公司里的大部分管理人员都是老板的亲戚。小D的顶头上司是一对夫妻，是老板的表姐和表姐夫。在小D看来，他们两个人根本不懂管理，而且还经常对员工指手画脚，非常专断，员工根本没有发言的权力。

尽管如此，小D最终还是没能下定决心辞职，原因就在于这家公司有一点比较好：工资待遇还是不错的，在其他企业同等岗位很难找到这么好的薪资待遇。于是，小D经过反复的琢磨分析得出了这么一条：老板只听上司的话，根本不了解实际情况，自己做得再好老板也不会知道；所以，自己今后要多在老板面前表现，等老板看到自己的表现后自己升职就有希望了。

小D的想法对吗？相信也有不少职场中人经历过此等遭遇。面对凭借关系上任的上司，面对公司里复杂的裙带关系，面对独断专权的上司，自己的才能得不到发挥和表现。难道没有靠山的职场中人真的就没有办法了吗？

在这个案例中，小D就犯了许多职场中人都有可能犯过的错误：

（1）他认为认为自己工作得久就该有更高的职位。

在案例中，小D认为自己在公司里已经呆了三年多了，但是自己仍旧是普通员工。换句话来理解小D的话就是，在公司里呆得时间越久就理应得到更高的职位。这是绝大多数职场中人的想法，那么领导阶层也是如此看待这个问题的么？

如果工作的越久就越有价值的话，那么，谁还会卖力的努力工作呢？在那里混年头就可以了。不要认为"没有功劳也有苦劳"，这都是自我欺骗，自我安抚的话。如果你只是在那里混年头，做不出一定的成绩，只想当然地认为自己无私地奉献了自己的青春和大好时光，到头来恐怕你也只会被公司毫不留情地抛弃，因为公司在你"奉献"的时候也并不是没有给你酬劳。

在本节案例中小D提出的所谓"时间借口"更是没有决定意义的，工作时间长唯一的现实意义就是：你曾经有很长时间和机会去表现自己的能力、创造价值或者你和某某领导认识、了解、相处了很久。很显然，小D做的不够好，否则他为什么仍旧还只是一名普通员工呢？如果他仍旧没有改变，如此做下去十几年、二十几年他可能还是一名普通员工。

（2）小D认为自己没有提升的原因是因为自己所做的工作不重要。公司非常重视销售工作，把销售放在第一位，而小D是从事后勤工作的，这直接影响到了自己晋升的机会。

这也是很多人无奈地感叹自己总得不到重视的理由。但是，事实上却并非如此。工作不重要是自己偷懒的理由，有了这个理由支持就会应付了事，总想办法应付上司，因此上司也会同样地应付你。你真的把自己的工作做的圆满而出色了么？

当然小D能够做到公司没有找到他的纰漏，而忘记他的存在也说明了他的价值。但是仍旧需要考虑的是：后勤工作是没有价值还是自己没有创造出价值？怎么创造价值？例如，如果他在采购环节或者日常经费开支方面能够很好地控制成本（质量高、使用周期长或者单品价格低），就是为公司创造了价值。只有先创造出价值，然后才能让老板看到其价值。

（3）自己的上司不懂得管理，完全是靠裙带关系坐在那个位子上的，自己当然不会得到晋升的机会。

自己没有成功的责任总是会想办法推脱给别人，"别人怎么没有这么做，别人应该怎么样，自己没有成功都是别人没有怎么样……"自己永远都是没有错误的，自己有错也都是别人引起的；我们从没有想过自己应该如何去做，如何做的更好，如何让别人认同自己，反而把大量的时间浪费在寻找借口上。

很多人总喜欢要求上司以这样或那样的管理方式来对待下属，这显然是不现实的。其实，觉得上司不懂管理不见得他就真的不会管理，只不过他没有按你所想的方式来管理而已。

这也就是说，如果你创造的价值低，你是无法让上司去迁就你的，只有当你创造足够多的价值的时候，他才会愿意为了你而改变。

了解了这一点，你也就清楚了：为什么别人叫你做什么你就得做什么，没有发言的权力。因为你没有足够的价值，也就没有足够的影响力，想要发言，先要有价值，否则别人为什么要听你的？

（4）小D最终认为，要改变自己的现状就得让老板看到自己的优秀，得在他面前多多表现自己。

不要希望自己的工作表现让老板看见，因为你的顶头上司不是老板，因为在老板面前表现自己很可能让上司难堪。俗话说："现官不如现管。"你过分追求在老板面前表现，只会让你的上司觉得你对他不满意，你很可能因此而遭受故意打压。

上司为什么会打压你？因为他会觉得你是一个威胁者。你总是积极表现，目的很简单，就是为了升职，那你的上一个职位层级不正是你上司的位置吗？因此，小D的这种想法是非常致命的。

综合分析，小D的错误就在于没有意识到职场中最本质的东西：价值。虽然有靠山会更有优势一些，但是相比之下，这也不是长久之计。比靠山更为可靠，更能吃得开的就是有价值。只有不断提升自我价值才能有更大的竞争优势，也才能得到自己想拥有的一切。

生活中，我们经常听到一些人抱怨朋友不讲交情，公司不讲义气等。其实，你有没有想过自己的价值？比如公司为什么要聘用我？朋友为什么愿意为我付出？我又能为公司和朋友带来什么……弄清楚了这些问题后，也许你就会以更客观的心态看待公司、看待领导、看待朋友、看待你所得到的批评以及在工作中取得的成绩。

公司不是福利机构，领导和朋友也不是慈善家。当公司聘用你，为你发放工资或是提升你时，目的是为了让你给公司带来利润；当领导重用你，关怀你的生活时，也是希望你能给他带来更多的业绩；即使是友谊，也是带有功利色彩的。在校园里建立起来的友谊之所以被认为是没有功利性的，只不过因为沾染物质利益少罢了。

也许"被利用的价值"这个词听起来过于功利，但心理学家认为，互利是人际交往的基本原则。虽然我们的社会提倡奉献和利他精神，但这是最高层次的人际交往境界，很难要求所有人都做到这一点。

因此，我们不可追求所谓的"没有功利色彩的友情"，也不必抱怨别人是多么势利；作为职场中人，更是不应该为不好的结果寻找任何理由，因为你存在的理由就是被利用，而你作为一个职员所负的使命就是为公司带来更大的利益。你要做的，应该是多想一想自己可以为别人提供什么价值？

在如今这个以价值为市场导向的社会，公司不怕你要价高，只怕你不能增值；领导也不怕你要脾气、使性子，就怕你产生不了应有的价值。如今社会竞争这么激烈，你只有善于发现自己的优点和长处，并利用外界的环境，不断提升自己的能力，让别人充分利用自己，才能产生相应的价值，不断成长，不断升值。

做人做事黄金箴言

价值决定你的地位，要想被他人赏识最根本还是要靠你能为公司创造多大的利益，你有多少被利用的价值。你只有善于发现自己的优点和长处，并利用外界的环境，不断提升自己的能力，让别人充分利用自己，才能产生相应的价值，不断成长，不断升值。

比别人付出更多的努力

有这样一个有趣的哲理小故事：

一个小男孩问上帝："1万年对你来说有多长？"上帝回答："像一分钟。"小男孩又问上帝："100万元钱对你来说又是多少？"上帝回答："像1元钱。"小男孩又问上帝："那你能给我1元钱吗？"上帝回答："当然可以，但你得等我1分钟。"

这个有趣的哲理小故事，告诉我们一个很重要的道理：任何收获都必须先付出！世上根本就不存在不劳而获的事，任何成绩都不是随便能够获得的。想要获得成功，必须先付出相当的时间和努力。所谓"宝剑锋从磨砺出，梅花香自苦寒来",想要比他人成功,就必须付出比他人更多的代价。

企业管理专家史丹利指出:比他人成功的人都有一种标志,那就是凡事比大多数人更努力。那些在竞争中长保胜利的人,就是因为付出的比对手更多;那些在竞技场上屡战屡胜的队员,也是因为平时训练更刻苦认真。没有人的成功是从天上掉下来的,任何人的胜利都是经过血与泪洗礼的。

这个世界就是这样:我们付出越多,才能得到越多;我们已经获得的任何东西,都是我们之前努力付出的回报。尤其是对想获得成功的人来说,除了不懈地努力、不断地付出,没有什么别的选择。我们只有慷慨付出,才能得到丰厚回报。

相信没有人不知道日本电视剧《阿信》,主人公阿信的原形是日本著名家族企业八百伴的创始人和田加津。

由于出身贫寒,阿信从7岁开始就辛勤劳作,十多岁时来到东京,在一家理发店里当学徒。阿信拼命工作,每天去得最早,走得最晚,比理发店里的任何人都努力。她的住处离理发店很远,每天下班回到住处已经很晚了。一天,阿信的好朋友问她:"你做的事比别人多多了,何必呢?"阿信擦擦额头上的汗水,笑着对她的朋友说:"别人不做的,我也不做,怎么能比别人优秀呢?"多么朴实而又深刻的一句话!

正是本着这个信念,无论是给别人帮佣,在理发店里打工,还是后来的创业,阿信都比别人强!阿信身上还有许多难能可贵之处,但是如果没有"比别人付出更多"的坚定信念,阿信是不可能在事业上取得辉煌成就的。

任何一个有上进心的人,都希望自己比别人强,但是到底怎样才能真的超越他人呢?最可靠的方法,就是比别人付出更多。想超越他人多少,就必须比他人多付出多少,付出越多,成就才会越大。

我们一定要记住,我们在职场中付出的努力和辛劳,是在为自己积累经验、培养能力。只要坚持下去,最终这些付出会为我们带来想要的一切。

松下幸之助在讲到当年创业时说:"我对自己说,要好好努力,多比别人付出一些。只是做别人也做的,是不会出人头地的,现在拼命努力和忍耐,将来一定有出息。因此，在冬季结冰的天气下做抹布清洁工作，虽然很辛苦，但转念一想，这就是忍耐，努力干吧，将辛苦化为希望。"

松下本人正是靠这种多吃苦、多付出的精神才创出一番事业的。所以在当上老板之后，他告诫员工，若想在同事之中脱颖而出，得到最终的晋升，就要有吃苦耐劳、勤奋奉献的精神。的确，想要在职场上取得优势地位，在竞争中脱颖而出，也唯有做到比别人付出更多。别人做的我要做，别人不做的我更要做，只有这样才能比其他人更优秀。

成功是要付出代价的，它只属于情愿为它辛勤耕耘、努力付出的人。没有付出哪有回报，付出越多回报越多，这是千古不变的真理。当别人都明白了这个道理，正在为超越他人努力付出时，我们还要等什么呢？

做人做事黄金箴言

任何收获都必须先付出。世上根本不存在不劳而获的事，任何成绩都不是随便能够获得的。想成功必须先付出相当的时间和努力。

示弱不示强

有一位记者去拜访一位外国政治家，目的是获得有关他的一些丑闻。然而，还未及寒暄，这位政治家就对记者说："时间还多得很，我们可以慢慢谈。"记者对政治家从容不迫的态度大感意外。不久，仆人将咖啡端上桌来，这位政治家端起咖啡喝了一口，立即大嚷道："好烫！"咖啡随之滚落在地。

等仆人收拾好后，政治家又把香烟倒着插入嘴中，从过滤嘴处点火。记者赶忙提醒："先生，你将香烟拿倒了。"政治家听到这话之后，慌忙将香烟拿正，不料却将烟灰缸碰翻在地。平时趾高气扬的政治家出了一连串的洋相，使记者大感意外，不知不觉中，原来的挑战情绪消失了，甚至还对对方产生了亲近感。

而这所有的一切，其实是政治家故意安排的。当人们发现杰出的权威人士也会有很多弱点时，过去对他抱有的恐惧感与诸多成见就会消失不见，为其省掉很多麻烦。

能放下架子做"弱者"，在某种意义上来说，也是人生在世的一种姿态。而且善于选择示弱的内容，在交际中也非常重要。

美国心理学家调查发现：一名彪形大汉在拥堵的马路上横穿而过，愿意给他让路的车辆还不到50%，因此出车祸的概率很高；但是一个老弱病残的人横穿马路，却有很多人相让，大家都觉得自己是做了善事，因此车祸率几乎为零。

看看，弱与强，在某种时候，收到的效果截然相反：示弱，让人处于强势的地位；而强硬，则反而处于弱势的地位。示弱，可以是个别接触时推心置腹的长谈，幽默的自嘲，也可以是在大庭广众之中有意以己之短，托人之长。如果你碰到的是个有实力的强者，他的实力明显高于你，那么你不必为了面子或意气而与他争强。因为一旦硬碰硬，虽然有可能战胜对方，但毁了自己的可能性更大。因此不妨示弱，以化解对方的戒心。以强欺弱，是大部分的强者不屑做的。

聪明的人会在职场的竞技中隐藏智慧，甚至千方百计地显示自己比别人蠢笨，这就是我们常说的"守拙"，这是掩饰自己、保护自己、积蓄力量、等候时机的人生韬略，经常在职场或敌对斗争中使用。

中国有一句成语叫做"锋芒毕露"，锋芒本指刀剑的锋利，如今人们将之比做人的聪明才干。古人认为，一个人如果看上去毫无锋芒，则是扶不起的"阿斗"，因此有锋芒是好事，是事业成功的基础。

在适当的场合显露一下自己的"锋芒"也是有必要的，但是要知道，锋芒可以刺伤别人，也会刺伤自己，所以在运用的时候要小心谨慎。物极必反，过分外露自己的聪明才华，会导致自己的失败。尤其是做大事业的人，锋芒毕露，尽展自己的聪明和优秀，非但不利于事业的发展，甚至还会失去自己的身家性命。

顺治十八年（公元1661年），顺治帝驾崩，其第三子玄烨即位，即康熙皇帝。当时，康熙才7岁9个月，年龄很小。顺治临终前便把索尼、苏克萨哈、遏必隆和鳌拜四人叫来，让他们做顾命大臣，尽心尽力辅佐小皇帝康熙。

当康熙皇帝年满14岁时，有了可以亲政的能力，鳌拜却一点还政的意思也没有。康熙十分不乐意，一心想除了这位压在自己头上的大臣，不愿再当傀儡。于是，他开始暗中增强自己的实力，筹划这一切。他知道鳌拜在朝廷里势力庞大，用公开的手段绝对解决不了问题，反会激化矛盾，引来大麻烦。于是他隐藏了自己的实力，表面上一再容忍鳌拜，有时甚至装出畏惧鳌拜的样子，意在麻痹鳌拜。

康熙还一再给鳌拜一家加官晋爵，连鳌拜的儿子也当上了太子少师。对于鳌拜的蛮横无理，康熙也听之任之，从没有异议。背地里，康熙招募了一匹"小童军"。这些"小童军"是从满族权贵人家中间挑选出的一批身强力壮的子弟，跟皇帝年龄相仿，平日里天天在一起练习摔跤。

训练"小童军"的事情在鳌拜看来就是小孩子的把戏，他认为皇帝也和这群孩子一样，淘气得很，不问国家大事只知道打闹找乐子。这更让鳌拜放松了警惕，心中暗喜不已。

终于有一天，鳌拜进宫汇报这几日发生的事，却见到康熙正和他的"小童军"练习摔跤，这些小孩见到鳌拜突然冲上前来，抱腰的抱腰，拧腕子的拧腕，蹬腿窝的蹬腿窝，一下子和这位满人眼里的"巴图鲁"大臣较起了劲。初时，鳌拜还以为小皇帝跟自己闹着玩，便听凭那些娃娃掰自己的腕子，揪自己的辫子。

等到一群孩子把他扳倒在地，他才觉得不大对头，斜着眼去瞧指使他们的皇帝，只见康熙一脸冰冷，又听得小侍卫们满口怒骂，方觉得大事不妙。这时他再要挣扎已经迟了。鳌拜一下子被捆了个结结实实。

康熙正是因为隐藏了自己的真正实力，麻痹了对手，才一举抓获强敌鳌拜，获得了最终的胜利。

兵书上说"兵不厌诈"，在职场中也是一样。故弄玄虚、隐藏实力、放烟幕弹让竞争对手捉摸不透、看不清自己战略意图的方式，往往能收到震撼性的效果。

你难以改变自己实力的强或弱，但可以用示弱的方式，为自己争取有利的位置，为自己减少一些不必要的麻烦。适当地示弱，可以减少乃至消除别人的不满或忌妒，使处境不如自己的人心理平衡，对你放松警惕。

凡事如果逞强好胜，往往会弄得头破血流，但是如果适当示弱，则很容易被别人接受。因此，做人做事，懂得适时地示弱，会成为最后的赢家。就像一些脍炙人口的历史故事：三国刘备，屈皇叔之尊三顾茅庐，终于得到了诸葛亮的誓死效忠；西汉韩信忍胯下之辱，最终叱咤风云，成为一代名将，这样的事情不胜枚举，他们都是靠"示弱"赢得了满堂彩。

示弱有时是一种胸怀，也是一种美德。大海之所以伟大，是因为有宽广的胸襟，有过人的胆量，它站在最低处，从不张扬，所以能纳百川。人也是如此，有时降低一点自己的"高度"，会收到意想不到的效果。

沈从文虽然小说写得很好，可他的授课技巧却很一般。他颇有自知之明，上课时开头就说："我的课讲得不精彩，你们要睡觉，我不反对，但请不要打呼噜，以免影响别人。"这么"示弱"地一说，反而赢得学生们的好感，拉近了师生之间的距离。

对手当前，不能不抗。不抗，你是必败无疑，但也不能硬拼，硬拼，胜败同样没有绝对把握。此时，故意示弱倒不失为良策。在特定的情况下公开承认自己的短处，有意暴露自己某些弱点，可以说是高明的策略。

做人做事黄金箴言

示弱是一种胸怀、一种美德，更是一种智慧。凡事如果逞强好胜，往往会弄得头破血流，但如果适当示弱，则很容易被别人接受。因此，懂得适时地示弱，往往成为最后的赢家。

勇敢地销售自己

Susan如今已经是一位家庭幸福、事业有成的职场女性。但是在这之前，她还是公司里一名默默无闻的小职员。她的这种改变源于她在一次管理学讲座上的所闻所得，那次主讲人是一个国内著名的企业家，他说："一个人要成功首先是让自己被别人注意到，提高自己的身价。"Susan受益匪浅，她认为机会确实是不会自动降临的，因此自己要努力创造条件，这样才能得到机会的青睐。她也意识到自己为什么一直以来虽然埋头苦干却仍然是公司下层的原因了。

之后，Susan所做的第一件重要的事就是做好自己的人脉网。她把公司里和自己可能有往来的人员名单从头到尾背了一遍，并牢记于心。她开始有计划地与这些人物接触，通过正面和侧面对各个人员进行了解，力争使自己尽量熟悉他们。在与人交流中，她总不忘努力称赞别人，并在十分的谦恭中找出各种可能的理由，把自己的名字和公司领导的名字并为一谈。

Susan还很热心地帮助身边的同事。同事们对于Susan乐于助人的品行和优秀的才能表示了肯定，这样就帮助她提高了知名度，成功地为她起到了宣传的效果。不久以后，很多以前不怎么注意Susan的同事也开始热情地跟Susan打招呼，重要的是Susan的这些好名声引起了公司各个层次的领导的重视。于是，上司在做决定时，也总希望听听她的意见，然后才做出明确的决定。与领导接触的机会多了，Susan觉得自己办起什么事来都开始得心应手了，而同事们更加乐意在她身边帮助她。

对待自己能力的提高，Susan不敢懈怠。她买了一些管理学书籍和一些与自己工作相关专业的的书籍，一边上培训班，一边利用空余时间自学。很快，Susan内在的提高就使她处理问题的能力上驾轻就熟，不仅如此，对于自己工作意外的事情她也能提供出非常有帮助的建议。很快，办公室里的同事们都知道了她的勤奋和努力，她也变得更加让人钦佩了。

Susan的名声很快在业内传播开，有几家大公司决心把她挖走。对于Susan的工作表现公司领导非常满意和赞赏，他们不想失去这么一位优秀的员工。因此决定给她提供更大的发展空间，并帮助她解决了很多实际的困难使她能够安心工作。

公司不是发掘你的地方，而是展示你的舞台。不要期待老板或者你的同事能够有一双慧眼或者十足的耐心来评估你的价值，如果你有这种想法，那么很不幸，你迟早要进入被淘汰的行列。Susan的成功案例就给了我们很好的启示，如果不能及时改变自己的思路和想法，就永远只是公司里的一个小角色。

无论是职场还是官场，都是同样的道理。我们可以看到，很多人虽然通晓古今，学富五车，却不会推销自己，展现自己的才华，因此只能落得个怀才不遇的下场，不能为世所用。纵使你是千里马，也要主动去寻找赏识自己的伯乐才行。在人才济济的今天，如果还坚信"姜太公钓鱼"的故事会降临，恐怕你的头发都白了也无人问津。所以，你要成功，就首先要学会推销自己，大胆而完美地"秀"出自己。

那么如何包装自己，如何完美地推销出自己呢？

1. 自抬身价，自卖自夸

你要知道，人人都想和优秀的人结交，无人想和小人为友。如果在面试时你来自三流的大学，而竞争对手来自一流的大学，可想得知，在"势利眼"面前你注定是失败的。你只有"以己之长，攻彼之短"才是上策，所以，你需要适当地自抬身价。

唯有自抬身价，别人才会对你另眼相看，甚至暗暗地佩服你。如果王婆都谦虚地说自己的瓜不好，那么就没人购买她的瓜了，我们也应该如此。对自己的长处，我们要尽力地展现出来；对自己的短处和不足，我们要善于模糊表态，学会掩饰。把对方的注意力吸引到我们的优点上而不是缺点上。

2. 创造展示自我的机会

东方朔是一个善于推销自己的人。在他刚入长安时就向汉武帝上书，3000片木椟做成的推荐信需要两个人去抬才勉强能抬起来，而汉武帝也用了两个月的时间才把它读完。东方朔在奏章中一点也不谦虚地说了自己的优点，说自己是个不可多得的人才。虽然汉武帝看完他的奏章后心动不已，却怀疑他是在夸夸其谈，所以没有马上重用。

东方朔并没有灰心，而是另辟蹊径地向皇帝推销自己。他用花言巧语吓唬汉武帝身边的那些侏儒侍臣，吓坏了的侏儒侍臣们跑到皇帝身边讨饶，制造了汉武帝面见东方朔给他展示自己学识和口才的机会，并最终得到赏识和重用。

如果不是东方朔的自我推销术，他怎么可以从众多侍臣中脱颖而出呢？机会不是等来的，就看你是否善于制造机会。

比如适当地在重要的公共场合亮相，或者偶尔成为众人瞩目的焦点。在公司会议上，主持会议的领导也会偶尔出现错误，这时你会怎么办呢？说，还是不说？

"智者千虑，必有一失。"很多人会因为自己对领导的崇拜而湮没了自己的见识，任由会议在错误中进行，或者是对权威的恐惧而不敢触怒领导。如果按照领导错误的思想走下去，将来可能就会出大娄子。这个时候也许会是你难得的一次表现机会，在这样的场合"曝光"，就能展现出你非凡的能力和见识，就能让领导和同事看到你的价值。

也许你的意见未得到采纳，但是原本毫不起眼的你，一定被人们认识了，也许他们会在后来的失败中记起你的表现，夸赞你的才能和英明。因此，在这样的重要场合，千万不要顾忌面子。如果你还在担心"我说出来大家会不会难堪"这样的问题，就注定你很难成就大事。

当然，我们"曝光"的方式也需要委婉而含蓄，不要太过扎眼，强出头的方式不仅收不到推销自己的效果，还会成为别人谴责的对象。另外，"曝光"的次数也不宜过频过多，否则你就会给人留下爱出风头的印象。

3. 洞悉心理，投其所好

领导喜欢什么样的员工呢？抓住领导们的喜好，时常在他们的眼前表现出自己良好的一面肯定会讨得领导们的欣赏。其要点有：

（1）手脚勤快，做事利索。

领导们最厌恶的员工特质是：作风懒散、办事拖拉、交办的事不重视、催办多次也完成不了、高姿态……千万不要给老板留下这些印象，即使出现一两次也要及时的改正。相反，如果你手脚勤快，事无大小都争着做，抢着干，就会受领导的青睐，他们一定会对你有好的评价。

（2）察言观色，领会领导的意图。

谁都喜欢精明能干的人，只要讨得领导的喜欢和赏识，定会有出头之日。身在职场，是否能够读懂领导，是考验一个人悟性的关键。我们经常听到领导会夸奖某位职员"悟性好，一点就通"，或是抱怨某职员"一点都不灵通，翻来覆去交代了多少遍，还不明白"。可见，察言观色也是自我表现的重要方面。

如何做到察言观色，成为领导的"心腹"，这绝不是一日之功。唯有平时多围绕领导关心的问题进行思考，才能把握好领导的意图。

（3）必要时也要"显山露水"。

只有具备"过人之处"才能技压群雄，适当的时候显露一下自己的才华，把别人都比下去才能让周围的人心服口服。所以，有时候领导也期望你能够作出点成绩，以便找个理由提拔你。这个时候，你千万不要再遮遮掩掩，该出手时就出手，不要犹豫。

4. 不和领导争第一

只要你给别人打工，就需要"藏一手"，这种做法对你是有好处的。锋芒太露，抢夺了领导的锋芒就是你卷铺盖走人的时候。即使你拥有高学历或者自认能力过强，也要表现的比老板逊一点，但是一定要比其他人好。千万不要忽视了领导的存在，与领导形成鲜明的对比，以领导为衬托来展示自己优秀的做法是最傻的做法。要时刻谨记，你所做的这一切都是给领导看的，能给你前途的也只有领导。

懂得推销自己、善于推销自己是我们必须掌握的一项技能。一个可以成功地向别人推销自己的人也就具备了成功的基本条件。

做人做事黄金箴言

公司不是挖掘你的地方，而是展示你的舞台。如果不能及时改变自己的思路和想法，就永远只是公司里的一个小角色。千里马也要学会推销自己，展示自己的才华，否则只能落得个怀才不遇的下场。

善于交换，安于吃亏

人跟人之间就是一种交换的关系，说白了，如果你做不到公平交换，那就是你角色的失败。结交人脉也应做到公平交换，你把你的好的资源奉献给他，人家才会把自己的好的资源奉献给你。没有人愿意无偿奉献自己的资源。

所以，在盘点自己的人脉关系之前，请先冷静地问问自己：你对别人有用吗？在你身上有能被别人利用的地方吗？如果你身上可供人利用的地方越多，证明你越具有价值，而当你越有价值，你就越容易建立起强大的人脉关系。

"利用"，一个听起来略显贬义的词语，在这里我们要完全脱离其表层意思。我们参加工作，进入岗位，其实便是一种利用关系。因为我们身上有被人利用的价值，像知识、技术、智慧、聪明的头脑、有力的双手等，我们出卖自身的资源获得劳动报酬。这便是一种交换关系，也是一种利用关系。这种交换是一种公平交换，你自身具备的资源优越，那么你获得的报酬就高。

由此不难看出，在我们建立自己的人脉关系网络的时候，一定要做到公平交换，对人应该是坦率的、真诚的。一个人如果不想付出任何资源，只妄图获得朋友的资源，那他的朋友就会远他而去，这样的友谊也会渐渐无疾而终。

著名的社会心理学家霍曼斯提出，人际交往在本质上是一个社会交换的过程。长期以来，人们最忌讳将人际交往和交换联系起来，认为一谈交换，就很庸俗，或者亵渎了人与人之间真挚的感情。这种想法大可不必有。其实，我们在交往中总是在交换着某些东西，或者是物质，或者是情感，或者是其他。人们都希望交换对于自己来说是值得的，希望在交换过程中得大于失或至少等于失。不值得的交换是没有理由的，不值得的人际交往更没有理由去维持，不然我们就无法保持自己心理的平衡。所以，人们的一切交往行动及一切人际关系的建立与维持，都是依据一定的价值尺度来衡量的。对自己值得的，或者得大于失的人际关系，人们就倾向于建立与保持；而对于自己不值得的，或者失大于得的人际关系，人们就倾向于逃避、疏远或中止这种关系。

可见，在交往中大方地奉献出你的资源，朋友的资源大门才会对你敞开。友谊便是在这种公平的交换中生存并且发展得越来越厚实牢靠的。某种意义上，尽管多数人不愿意承认，他们的所谓"友谊"实际上只不过是"交换关系"。

正是交往的这种社会交换本质，要求我们在人际交往中必须注意让别人觉得与我们的交往值得。无论怎样亲密的关系，都应该注意从物质、感情等各方面"投资"，否则，原来亲密的关系也会转化为疏远的关系，使我们面临人际交往的困难。

心理学家提醒我们，不要害怕吃亏。郑板桥的"吃亏是福"的拓片为很多人所珍爱，然而真正领悟其中真意的，恐怕为数不多。实际上，许多人在交往中都是唯恐自己吃亏，甚至总期待占到一点便宜。然而，"吃亏是福"确实有它的心理学依据。吃亏是一种明智的、积极的交往方式，在这种交往方式中，由吃亏所带来的"福"，其价值远远超过了所吃的亏。这里面有两个原因：

一方面，人际交往中的吃亏会使自己觉得自己很大度、豪爽、有自我牺牲的精神、重感情、乐于助人等，从而提高了自己的精神境界。同时，这种强化也有利于增加自信和自我接受。这些心理上的收获，不付出是得不到的。

另一方面，天下没有白吃的亏。与我们交往的无非都是普通人，在人际交往中都遵循着相类似的原则。我们所给予对方的，会形成一种社会存储而不会消失，一切终将以某种我们常常意想不到的方式回报给我们。而且，这种吃亏还会赢得别人的尊重，反过来将增加我们的自尊与自信。显然，吃亏带给我们的是一个美好的人际交往世界；而那些喜欢占便宜的人，每占别人一分便宜，就丧失了一分人格的尊严，就少了一分自信，长此以往，必将在人际交往中找不到立足之地。

当然，如果你自己的人际资源很低劣，甚至毫无资源可言，那么你就有可能成为"纯索取者"。你做不到"公平交换"，事事都要烦搅对方，最终你会成为对方的负担，也许开始，人家碍于情面不好说你什么。但是天长日久，别人的心里越来越不痛快，脾气再好的人也无法容忍这种不能做到公平交换的友谊。终有一天，他会向你坦言，他要放弃跟你之间的这段友情。

因为谁都会害怕跟一个废物交上朋友，相信你自己也是这么想的。事实上，甚至连废物本人都可能也是如此想的——他想结交一个大人物，以改变自己穷困潦倒的命运，然而又怎么可能呢？要知道这样的人，大人物都是视而不见或逃之夭夭的，又怎么肯与他交朋友？

在我们积极"投资"的同时，还要注意不要急于获得回报。现实生活中，只有付出，不问回报的人只占少数，大多数人在付出而没有得到期望中的回报时，就会产生吃亏的感觉。

不怕吃亏的同时，我们还应该注意，不要过多地付出。过多的付出，对于对方来说是一笔无法偿还的债，会给对方带来巨大的心理压力，使人觉得很累，导致心理天平的失衡。这同样会损害已经形成的人际关系。这种例子屡见不鲜，我们常常会听人抱怨："我对他那么好，付出了那么多，为什么他反倒开始不喜欢我了？"殊不知，正是自己付出得太多，才损害了两个人的关系。

可以想象，如果你想获取更多的朋友，一定要先增加自身的含金量，让自己拥有更多可供交换的资源。只有这样，人们才喜欢、才更有可能与一个能够公平交换彼此资源的朋友结交，这样一来你跟他人的友情才会让双方乐此不疲。

做人做事黄金箴言

交往的本质是一种交换，公平的交换是巩固友谊的可靠保障。吃亏是福，吃亏是一种明智的、积极的交往方式。善于交换、安于吃亏是你交往获得成功的重要砝码。

责任决定成败

"天下兴亡，匹夫有责"我们早有耳闻，但是天下本就是大家的天下，国家也是大家的国家。每个人都有责任思考天下兴亡之事，每个中国人都想让中国强大，百姓富足。然而，这是需要付出实际行动与努力的。那些发泄不满的人，在发泄前，你可尽到你应尽的责任了吗？当然，这个世界有太多的不如意，有太多的事情让人感到失望。但发泄于事无补，解决不了问题。如果能从正面去想一想解决的办法，那么是不是可以减少点儿大家的不如意与失望呢？而发牢骚与谩骂似乎只能让人心情更不好吧？

其实，责任是不分大小的，一丁点儿的不负责任，都可能造成无可挽回的恶果。任何人在工作中的一点疏忽，都有可能导致整个企业蒙受巨大损失，甚至更多。

某广告公司的员工就犯过这样的一个错误。在为客户制作的宣传广告中，由于粗心大意将客户联系电话中的一个数字弄错了。当他把制作的宣传单交给客户时，客户由于时间紧，第二天就要在产品的新闻发布会上使用，所以没有详细审核就接收了。直到新闻发布会结束后，在整理剩下的宣传单时，才发现关键的联系电话有错误，而此时这样的宣传单已发放了6000多份了。

客户一怒之下，向广告公司要求巨额赔偿。由于错在广告公司，再加上客户召开新闻发布会的费用的确巨大，无奈之下，广告公司只好按照客户的要求进行了赔偿。然而，事情并没有就此结束，这件事情传开后，广告公司便在客户中失去了信誉，渐渐没有生意可做了，因为没有人再敢把自己的业务交给他们去做，害怕再出差错给自己带来麻烦和造成损失。

这样一次看似小小的失误，就把一家本来极有前途的广告公司击垮了。我们不妨设想一下，假如广告公司的员工在工作时能更认真负责点，把工作做好，那么，这样的结果是完全可以避免的。

现代企业之间的竞争越来越激烈，员工的任何马虎都可能使整个企业蒙受巨大的损失。所以，现代企业的领导者都非常注重对员工责任感的培养，有较强责任感的员工不仅能够得到领导者的信任，而且也为自己的成功奠定了坚实的基础。

有一位刚刚从美国读完MBA回国的男青年，由于自身条件优越，他毫不费力地进了一家外资企业的上海办事处。然而，在工作中，老板却总把一些鸡毛蒜皮的事情交给他做，对此，他非常不满意。不久，在公司的一次计划书的招标会上，他认为自己干大事的机会到了，于是便急急忙忙把自己准备的材料交了上去，一心以为可以博得老板的赏识。然而，没想到几天后他却收到了公司人事处的解聘通知书。原来，他因为不在乎那些鸡毛蒜皮的事情，做事情总是马马虎虎、草草了事，以至于在计划书中把"进口"误写成了"出口"。所以，只有信守责任，才能做好一切，因为职场中容不得半点不负责。

试想，一个在责任感方面很欠缺的员工又怎么能给顾客提供优质的服务，又怎么能给企业树立良好的形象呢？企业里一个人缺乏责任感，那么他所影响的不只是他自己，而是整个企业，这就是为什么很多企业要把责任融入员工的日常生活中的原因。如果一个员工没有意识到责任对于他乃至整个企业的重要性，那么他就已经丧失了在这个企业工作的资格，因为员工的不负责任将会使企业的形象蒙受损失。

周总理做事是非常认真负责的，同时他对工作人员的要求也是非常严格的，他最容不得"大概"、"差不多"、"可能"、"也许"这一类的字眼。有一次北京饭店举行涉外宴会，周总理在宴会前了解饭菜的准备情况时，他问："今晚的点心是什么馅？"一位工作人员随口答道："大概是三鲜馅的吧。"这下可糟了，周总理追问道："什么叫大概？究竟是，还是不是？客人中间如果有人对海鲜过敏，出了问题谁负责？"周总理正是凭着一贯认真负责、一丝不苟的作风，赢得了人们的称赞。

大家都知道在数学上，"100-1"等于99，而在责任上，"100-1"却等于0。一个员工的不负责任，就会让顾客对这家企业产生怀疑。这也就意味着一个员工的不负责任就会影响到企业在顾客中的整体印象。这就是在责任上"100-1=0"的原则。

也许有的人还记得，在2004年2月15日，吉林市中百商厦发生的特大火灾，造成了54人死亡、70人受伤，直接经济损失达400余万元。然而，谁也没想到，这起严重事故的直接原因，竟然是由一个烟头引起的：一位员工到仓库卸货时，不慎将吸剩下的烟头掉落在地上，他随意踩了两脚，在并未确认烟头是否被踩灭的情况下，匆匆地离开了仓库。当日11时左右，烟头将仓库内的物品引燃。

这就是"一个烟头引发的惨案"：54条人命！70人受伤！400余万元财产灰飞烟灭！

灾难过后，回头看看，感觉事情就是那么简单，简单得令人难以接受。

表面上看，这是一场由小小的烟头引发的人间惨剧，但仔细想来，夺去那54条人命的不是现实中忽明忽暗的烟头，而是工作人员的不负责任！

很多时候，往往是一些看起来毫不起眼、多数人都不会放在心上的小疏忽，却最终铸成了大错。所以，工作中容不得半点不负责。

做人做事黄金箴言

责任不分大小，一丁点儿的不负责任，都可能造成无可挽回的恶果。任何人在工作中的一点疏忽，都有可能导致整个企业蒙受巨大损失，甚至更多。因此，工作中容不得半点不负责任。

没有热忱，你能打动谁

热忱，是指一种热情的精神特质。英文中的"热忱"这个字是由两个希腊字根组成的，一个是"内"，一个是"神"，热忱是出自内心的兴奋。

"一个人没有激情和热情是不可能成功的，而激情和热情是什么呢？激情和热情就是一个人对工作高度责任感的体现"。如果你内心里充满要帮助别人的渴望，你就会兴奋。你的兴奋会从你的眼睛、你的面孔、你的灵魂以及你的行为辐射出来。你的精神振奋，而你的这种状态也会鼓舞别人。卡耐基认为，一个人成功的因素很多，而居于这些因素之首的就是热忱。事实上一个热忱的人，等于是有一尊神在他的内心里。热忱是内心里的光辉——一种炽热的精神特质深深地存于一个人的内心深处。

热忱可以鞭策一个人从浑噩中奋起做事。个人、团体、体育团队、公司和整个社区能培养出热忱，其报偿必然是积极的行动。在卡耐基的演讲过程中经常引述纽约中央铁路公司前总经理佛瑞德瑞克·魏廉生的话："我愈老愈相信热忱是成功的秘诀。"事实上也的确如此，成功的人和失败的人在技术、能力和智慧上的差别通常并不是很大，但是具有热忱的人通常更能得偿所愿。一个人能力不足，但是具有热忱，通常必会胜过能力很强但是欠缺热忱的人。

纽约的一个毕业学员在说她是如何以热忱赢得工作时，是这样描述的：她刚刚从秘书学校毕业，很渴望找一份医药秘书的工作。但由于她缺少这方面的工作经验，面试了好几次都没有成功。后来在她再次去面试的途中，她给自己来段精神讲话："我要得到这个工作，我懂得这个工作。我是一个勤快而自律的人，我能够做好这个工作。医生将会视我为不可缺少的人。"在到办公室的途中，她一再对自己重复这些话。

当她充满信心地走进办公室，并且热忱地回答了问题之后，医生雇佣了她。几个月以后医生告诉她，当他看到她的申请表上列着没有任何经验的时候，曾决定不会用她，只是给她一次礼貌的谈话而已，但是她的热忱使他觉得应该试用她看看。结果，她真的没有使面试她的医生失望，她把热忱带进了工作，而且成了一个很好的医药秘书。

在卡耐基的办公桌上还有他家的镜子上同样吊着一块牌子，上面写着同样的话：

你有信仰就年轻，

疑惑就年老；

有自信就年轻，

畏惧就年老；

有希望就年轻，

绝望就年老；

岁月使你皮肤起皱，

但是失去了热忱，

就损伤了灵魂。

这就是对热忱最好的赞词。培养、发挥热忱的特性，我们就可以对我们所做的每件事情产生热情。

一个热忱的人，不论他身为低级的体力劳动者或者高级的企业经理人，他们都会认为自己的工作是一项神圣的天职，并对之怀着深切的兴趣。对自己的工作热忱的人，不论工作有多么困难，或需要多大的训练，始终会用不急不躁的态度去进行。只要抱定这种态度，任何人都会成功，都会达成目标。爱默生也曾说过："有史以来，没有任何一件伟大的事业不是因为热忱而成功的。"事实上，这不是一段单纯而美丽的话语，而是迈向成功之路的指标。

热忱，是做任何事情必需的条件。对此，我们应该深信不疑。任何人，只要具备这个条件，都能获得成功，他的事业也必然会飞黄腾达。

做人做事黄金箴言

热忱，是做任何事情必需的条件。热忱可以鞭策一个人从浑噩中奋起做事。成功的人和失败的人在技术、能力和智慧上的差别通常并不是很大，但是具有热忱的人通常更能得偿所愿。

细节之中见神奇

苏红从北京外国语大学毕业后，顺利进入了一家香港猎头公司。外语方面的优势加上悟性较高，苏红很快赢得了老板的赏识，获得了很多参与重要项目的机会。

一次，公司与一家跨国公司商谈一个项目。初步洽谈后，对方要求苏红所在的公司提供一份详细的项目计划书。老板把这个任务交给了苏红。因为是大客户，公司上下都十分重视，苏红自然也不敢怠慢，花了不少工夫，一连好几天加班加点。当苏红把全英文的计划书交给老板时，感觉自己又交了一份满意的答卷。

过了几天，苏红被老板叫进了办公室。看见老板一脸阴沉，苏红知道肯定是计划书出了问题，不禁有点纳闷，内容自己仔仔细细检查过很多遍，应该不会有问题啊！老板打开计划书，指着目录那一页问，为什么不把索引对齐？索引的页码字体为什么有的是粗体，有的却不是？他往后翻，又指出一些排版上的小毛病。最后，老板说了一句让苏红印象深刻的话："越是细节之处，越能看出一个人的职业素养。客户要是看到我们在细节上疏漏不断，还会信任公司提供的服务吗？"

很多和苏红一样刚踏上工作岗位的职场新人，总是想着怎么尽快作出成绩，好让别人刮目相看，却往往忽略了工作中的细节。职业顾问师指出，不注重细节是新人的通病，也是导致许多人职场失利的重要原因。对于看似简单和基本的工作，如何把别人已经做过1000遍的事情做得更好，细节是关键。在"秀"出自己才能的同时，千万别在小处"失分"。

《细节决定成败》一书中有这么一段："芸芸众生能做大事的实在太少，多数人的多数情况总还只能做一些具体的事、琐碎的事、单调的事，也许过于平淡，也许鸡毛蒜皮，但这就是工作，是生活，是成就大事的不可缺少的基础。"细节决定成败的道理，在职场尤其适用。让我们再来看一个故事：

有三个人去一家公司应聘主管，他们当中一人是某知名管理学院毕业的，一人毕业于某商学院，而第三名则是一家民办高校的毕业生。在很多人看来，这场应聘的结果是显而易见的，肯定是知名管理学院的毕业生被录用。然而事情却恰巧相反。应聘者经过一番测试后，留下的却是那个民办高校的毕业生。

在整个应聘过程中，他们在专业知识与经验上各有千秋，难分伯仲。随后招聘公司总经理亲自面试，他提出了这样一道问题，题目为：假定公司派你到某工厂采购3999个信封，你需要从公司带去多少钱？

几分钟后，应试者都交了答卷。第一名应聘者的答案是330元。

总经理问："你是怎么计算的呢？"

"就当采购4000个信封计算，可能是要300元，其他杂费就30元吧！"答者对应如流。但总经理却不置可否。

第二名应聘者的答案是315元。对此他解释道。"假设4000个信封，大概需要300元左右，另外可能需用15元。"

总经理对此答案同样没表态。但当他拿第三个人的答卷，见上面写的答案是319.425元时，不觉有些惊异，立即问："你能解释一下你的答案吗？"

"当然可以，"该同学自信地回答道，"信封每个7.5分钱，3999个是299.925元。从公司到工厂，乘汽车来回票价11元。午餐费5元。从工厂到汽车站有一里半路，请一辆三轮车搬信封，需用3.5元。因此，最后总费用为319.425元。"

总经理不觉露出了会心一笑，收起他们的试卷，说："好吧，今天到此为止，明天你们等通知。"招聘结果想必大家都知道了。

职业生涯的良好发展是从做好本职工作、做好身边的每一件事开始的。"天下难事，必作于易；天下大事，必作于细。"立大志，干大事，精神固然可嘉，但只有脚踏实地从小事做起，从点滴做起，心思细致，注意抓住细节，才能养成做大事所需的那种严密周到的作风。

小事不能小看，细节方显魅力。以认真的态度做好工作岗位上的每一件小事，以责任心对待每个细节。只有把小事做好了，才能在平凡的岗位上创造出最大价值。我们在工作中需要改变心浮气躁、浅尝辄止的毛病，注重细节，从小事做起。在今天这个社会，几乎所有的员工都胸怀大志，满腔抱负，但是成功往往都是从点滴小事开始的，甚至是从细小至微的地方开始。

世界上的许多大公司，把对小事的认真态度作为了一个考察员工的重要依据。希尔顿饭店的创始人、世界旅馆业主王康拉德·希尔顿就是一个注重"小事"的人。康拉德·希尔顿要求他的员工:"大家牢记,万万不可把我们心里的愁云摆在脸上,无论饭店本身遭到何等的困难,希尔顿服务员脸上的微笑永远是顾客的阳光。"正是这小小的永远的微笑,让希尔顿饭店的身影遍布世界各地。

有卓越天赋的员工,常常做小事时发挥出了耀眼的光华,从而登上了更大舞台。比如美国前国务卿鲍威尔,刚刚开始工作时,他只被分配了一个保洁的工作,按照大多数人的想法,恐怕早就甩手不干了,但是他对保洁的工作精益求精,力求尽善尽美。在一段时间后,得到了伯乐的赏识,从而开始了一段叱咤风云的职场路程。

美国标准石油公司曾经有一位小职员叫阿基勃特。他在出差住旅馆的时候,总是在自己签名的下方,写上"每桶4美元的标准石油"字样,在书信及收据上也不例外,签了名,就一定写上那几个字。他因此被同事叫做"每桶4美元",而他的真名倒没有人叫了。

公司董事长洛克菲勒知道这件事后说:"竟有职员如此努力宣扬公司的声誉,我要见见他。"于是邀请阿基勃特共进晚餐。

后来,洛克菲勒卸任,阿基勃特成了第二任董事长。

在签名的时候署上"每桶4美元的标准石油",这算不算小事,严格说来,这件小事还不在阿基勃特的工作范围之内。但阿基勃特做了,并坚持把这件小事做到了极致。那些嘲笑他的人中,肯定有不少人才华、能力在他之上,可是最后,只有他成了董事长。

工作中无小事,小事没有处理后会引出大麻烦。很多"刁钻"的上司喜欢从小处着眼,你做了大业绩他可能会觉得你抢了他的光芒,而你在小处上马马虎虎,他又觉得你在不尊重他。在上级的世界观里:对小事的态度反映出了个人的工作态度,而态度决定一切。《菜根谭》上说:"嚼得菜根,百事可做。"只有把小事做好,在小事中不断积累经验,培养踏实果断的工作作风,才能在做小事中升华自己的工作水平。只有在小事上练就了谨慎的习惯,形成了良好的做事风格，你才不会得罪自己的上司，你才会在职场有大作为。

"天下难事，必作于易；天下大事，必作于细。"细节决定成败，细节
是成就大事的不可或缺的基础。小事不能小看，细节方显魅力。

既要会做事也要会演戏

在外人看来，曼哈顿一家高档时装店的销售主管苏珊是个大忙人。她对
时装店内女装的展示认真得近乎挑剔：重新整理已经叠得很整齐的毛衣，把
挂衣架的间距严格设定在一指宽。此外，她还要抽空打电话给上司，商量
店里的业务。虽然看上去很忙碌，她却有"造假"的嫌疑——店里一个顾客
也没有。

老板和顾客都不希望看到你无所事事，所以你得忙起来，重新叠叠衣
服，四处掸掸灰尘，拖拖地板——尽管店里已经一尘不染。总之你得做点什
么。正如这位忙碌的苏珊一样，虽然一天中只有5~6个顾客走进店里，但苏珊
成功地让其中三个人掏了腰包。

天下所有的老板都一样，最见不得员工做两件事情：其一是浪费自己的
钱的行为，其二是闲着。有事没事，所有的老板都希望自己的员工忙起来，
动起来。所以在职场，作为下属，一定要时时表现为一个忙碌的状态。实心
眼的员工，就会没事找事，尽量多做事，而聪明的员工对待狡猾老板的一种
对策则是：装忙。

现实就是这样，老板因为不能时时盯着员工，所以他们要么随机论事，

逮着一次批评你一次，要么就是"透过现象看本质"，用表面的东西来盖棺定论。所以作为员工，一定要注意自己的表面建设工程。

装忙原本是一件职场艺术，但是到了经济不景气时期，倒成了一门职场必备的生存技能。在业务惨淡的时候，"没事找事"也需要较高的智商和创意。房地产市场火暴的时候，房产经纪人米歇尔·科尔比曾经忙得脚不沾地；现在房市萧条了，她被迫拓展新的业务领域——对办公桌进行"考古发掘"，"我找到了2003年的销售记录，并给它们重新分类。现在我的办公桌整洁得光可鉴人。"在一家日本料理餐厅里，领班每天带着服务员给筷子折纸套。他自我解嘲说："这是一种手工，可以帮人放松心情。"在华尔街投资银行的交易大厅里，银行家们有时甚至靠抛橄榄球来打发时光，偶尔你还能听到电脑显示器被砸碎的声音。

但是与下面这些做法相比，前面提到的"秀"显得过于平庸。有人把办公桌上的电话号码告诉电话推销员，后者每次来电话他都会接起，然后云遮雾罩地侃上一阵儿，给人一种业务繁忙的假象。还有人给客户写长达5页纸的感谢信，只是为了感谢后者曾来店里浏览。一位投资经理每次溜出去吃午饭时，都故意把文件摊开在桌子上；他还会把手机留下，并与其他办公室的同事串通好，不时给他的手机拨个电话，让人觉得他没走远、业务还挺忙。供职于纽约一家律师行的律师想给人留下他经常加班工作到深夜的印象。但是办公室的灯使用了运动探测装置，屋里没有人后它会自动暗淡下去直到关闭。于是这位老兄想出了一个高招——他搬来一个摇头电扇。这样就可以欺骗运动探测器，使办公室灯火长明了。

在信息时代，装忙当然离不开电脑这个重要道具。一位广告客户经理故意让显示器背对着同事们，这样同事们只能看到他经常坐在电脑前眉头紧锁若有所思，其实他是在为即将出生的宝贝设计玩具。当然，电脑可以掩盖许多与工作无关的活动，聊天、交友、购物等。当然，如果你更"处心积虑"一些，你可以借助某些程序让电脑在半夜向你的上司自动发送与工作有关的邮件，让他以为你为了工作而挑灯夜战。

尹静在这个公司做了三年之后，才有机会见到亚太区人事总监，为了迎接他的远道而来，尹静花了整整半天，把自己因为忙碌和频繁的出差而遗忘的功课——清洁办公桌给补上了。堆积如小山的文件被一一清理，尚没有归类的文档终于回到了它们应该待的地盘，横七竖八的文具也被重新排列了一遍，刹那间尹静的办公桌有了改头换面的感觉，本来习惯躲在文件堆里办公的尹静感觉到了一种前所未有的清新和透亮。

尹静自鸣得意了一番，这下可以让人事总监看到一个工作努力又干练的形象了。等待的总监终于现身，他除了开会也择机与大家交流和沟通，尹静也有幸成为被召见长谈的人，人事总监的思维非常严谨，也可以说稍有刻板，不过他的不拘言笑的模样还是让有人有威慑感。两天的访问很快结束了，尹静却为此遭遇了尴尬，她的亚太业务的顶头上司来电与她分享了人事总监上海之行的意见，其中有一条他认为尹静的工作不忙碌，要么是公司分给的工作量不够，要么是有偷懒之嫌。尹静心中难免不服，要知道她已经被公司剥削到极点，差不多一人干三人的活。气愤的尹静脱口而出，"凭什么人事总监这么说？"

上司很冷静地告诉她："你的办公桌太干净了。"

天哪，为了迎接老板的巡访，尹静才特意抽空理了理办公桌，不料干净的办公桌却成了工作不够的罪证，早知这样肯定让老板看一个邋遢忙碌的尹静，后悔让她一段时间委靡不振。

或许人事总监也没有错，他用最理性的逻辑看待员工的办公桌，因为每一个办公桌身后就是一个真实的员工形象。做老板的可以容忍员工的不干不净，却不能容忍员工的太空太闲，情愿员工忙死，也不愿员工无所事事，至少办公桌是最好的见证物。吃过一次亏的尹静从此抱定了一个信念，打死也不理办公桌，并美其名曰：暧昧是最聪明的生存哲学。

尹静把暧昧办公桌的理论不断发扬光大，于是认识她的都知道了，越乱的办公桌越是迷惑老板的眼睛，好像越是暧昧的关系越引人入胜。

职场行为专家指出，经济危机的大形势下职场中个充满了恐惧气氛，老板也会变得多疑。如果他发现你企图用小伎俩营造假相，裁员的大刀肯定会先落到你头上。所以，在非常时期，装忙不仅是一种必需，而且其技术含量要求也越来越高。

装忙是一种职场艺术，也是职场必备的生存技能。装忙也是会做事的一种体现，一种必然的需求，而且技术含量要求越来越高。

找到最重要的事

我们每个人都知道这样的道理，"重要的事情一定要认真处理，不太重要的事情我们也有责任努力做好。"这是一个人素质和责任心的重要体现。但是在企业里，并非所有的拖延者都是不负责任、懒散懈怠的人，相反，在拖延者中，有相当一部分的人工作勤勤恳恳。他们之所以拖延，是因为他们做事不分轻重缓急。如果一个人对他的工作分不清轻重缓急，那他就弄不清自己在工作中该去做些什么。时而做做这，时而做做那，结果是什么都没做成。

对于这样的员工来说，在所有他要做的事情里，他很难说出一个"不"字。因为他分辨不清楚一件事情是重要还是不重要。每碰到一件事情，他都会付出一些时间和精力。而结果是，他总是有着太多的事情需要做，但却没有办法完成，所以他只好不断地拖延。

的确，工作需要章法，不能眉毛胡子一把抓，要分轻重缓急！这样才能一步一步地把事情做得有节奏、有条理，避免拖延。

工作的一个基本原则是：要把最重要的事情放在第一位。在工作中，效率最高的员工是那些对无足轻重的事情无动于衷，而对那些重要的事情积极迅速的人。一个人如果过于努力想把所有的事情都做好，他就不可能有足够的时间去把最重要的事情做好。

许多员工不知道把工作按重要性排队。他们以为每项任务都一样重要，只要时间被工作填得满满的，他们就会很高兴。然而懂得安排工作的员工却不是这样，他们通常会按优先顺序去展开工作，将要事摆在第一位。

周华是某私企经理秘书，几年前刚进公司时，周华还脱不了"学生气"，做事分不清主次，每次经理布置工作时，她都认真记录，可到具体执行时便因种种原因"走样"：不是丢三落四，就是缺东少西，为这事，经理没少发脾气。

有一次经理出差，临走前让周华起草一份重要的发言报告，以备他一周后回来开会用。周华当时认为时间很充裕，不妨慢慢准备。其后几天，周华只管忙着处理其他日常事务。转眼到了第六天，周华突然意识到，经理第二天就要回来了，可报告还没开始动笔，凑巧的是，周华这天的事情又特别多，上午要替经理参加朋友的开业庆典，下午又要接待已提前预约的客户。

等一切处理妥当，已临近下班，周华只好准备回家连夜赶写报告。吃过晚饭后，周华坐到电脑前开始写报告时，却突然发现，有些背景资料忘了带回家，这可怎么办？第二天，周华只好一早就冲到办公室赶报告，总算在经理上班前勉强把报告写完了。

开完会后，经理把周华叫到办公室，开门见山地质问她这一个星期的工作状况，然后严肃地说："你有一个星期的时间，为什么交出这样没水平的报告，甚至还有一大堆错字？"周华这才意识到事情的严重性，便老老实实地讲述了报告的完成过程，等着被"炒鱿鱼"。不料，经理长叹一声说："你们这些刚毕业的新人，有热情但不够成熟，做事情完全分不清主次先后。"随后，经理一笔一画在白纸上写下10个字："要事第一，要务优于急务"，他语重心长地告诉周华："秘书的工作很琐碎，但是一定要分清主次，再不能犯同样的错误了。"

经理的一席话，让周华茅塞顿开。从那以后，她抱着"要事第一"的原则，做事前先安排好顺序，忙而不乱，最后受到了经理的表扬。

要事第一的观念如此重要，却常常被我们遗忘。我们必须让这种观念成为一种工作习惯，每当一项新工作开始时，都必须首先让自己明白什么是最重要的事，什么是我们应该花最大精力去重点做的事。

然而，分清什么是最重要的并不是一件容易的事，工作中，我们常犯的一个错误就是将紧急的事情视为重要的事情。

其实，紧急只是意味着必须立即处理，比如电话铃响了，尽管你正忙得焦头烂额，也不得不放下手边的工作去接听，它们通常会给我们造成压力，逼迫我们马上采取行动，但它们却不一定很重要。

那么，什么才是重要的事呢？通常来说，重要的事应是那些与实现团队和个人目标有密切关联的，并且会对团队成员的使命、价值观有帮助的事。

根据紧迫性和重要性，我们可以将每天面对的事情分为四类：

重要而且紧迫的事；

重要但不紧迫的事；

紧迫但不重要的事；

不紧迫也不重要的事。

在工作中，只有合理高效地解决了重要而且紧迫的事情，我们才有可能顺利地完成其他工作，而重要但不紧迫的事情则要求我们应具有更多的主动性、积极性、自觉性，早做准备，防患于未然。剩下的两类事或许有一点价值，但对目标的完成没有太大的影响。

重要但不紧迫的事是需要大量时间去做的事。它虽然并不紧急，但却决定了我们的工作业绩。80/20法则告诉我们：应该用80％的时间去做能带来最高回报的事情，而用20％的时间去做其他的事情。可以说，那些取得优秀业绩的企业员工都是这样把时间用在最具有"生产力"的地方。

分清轻重缓急，设计优先顺序，要务优于急务，这是高效工作的精髓。但这里还有一点需要注意的是，我们在时间安排上应尽量避免产生急务，而这就需要我们平时在工作时尽量多处理要务，以减少任务的堆积。

工作需要章法，不能眉毛胡子一把抓，要分轻重缓急，把最重要的事情放在第一位。

有创造性地工作

"灵感来源于观察"，但是在很多人看来，创新是陌生而神秘的，它似乎只是少数天才的专利。其实，创新有大有小，内容和形式也可以各不相同。特别是在今日的世界，创新活动已经不仅是科学家、发明家在实验室里的工作，它已经深入到我们普通人的生活、工作、学习之中，已经是所有员工都可以进行的社会实践活动，任何人在生活、工作的各个方面随时随地都可能迸发出创新的火花，从而创造奇迹。

美国宣传奇才哈利小时候在一家马戏团做童工，负责在马戏场内叫卖小食品。但是每次看戏的人并不多，而买东西吃的人则更少，尤其是饮料，很少有人问津。有一天，哈利突发奇想：向每一位买票的观众赠送一包花生，借以吸引观众。但是老板坚决不同意他这个荒唐的想法。哈利提出用自己微薄的工资做担保，请求老板让他尝试一下，并承诺，如果赔钱了就从自己的工资里扣；如果赢利了，自己只拿一半。老板这才勉强同意。于是，以后每次马戏团演出时，哈利都会在马戏场外高声大喊："来看马戏喽！买一张票免费赠送好吃的花生一包！"在他不停的叫卖声中，观众比往常多了几倍。

观众进场后，哈利又开始叫卖啤酒、汽水等饮料，而绝大多数观众在吃完花生之后觉得口渴都会买上一瓶饮料。这样一场演出下来，马戏团的营业额比平常增加了好几倍。

一家企业如果缺少创新思维，在市场上是难以发展甚至生存的。企业应该打破固有的思维模式，时时刻刻重视创新，不拘一格地寻找新的经营方式，从而获得更长久的生命力。

日本的东芝电器公司在20世纪50年代的时候，曾一度积压了大量的电扇卖不出去。公司7万多名职工为了打开销路，费尽心思地想了很多办法，但进展依然不大。

有一天，一个小职员向公司领导提出了改变电扇颜色的建议。由于当时全世界的电扇都是黑色的，东芝公司生产的电扇也不例外，而这个小职员建议把黑色改为浅颜色或一些其他颜色。这一建议得到了公司领导的重视，经过研究，公司采纳了这个建议。

第二年夏天，东芝公司便推出了一批浅蓝色的电扇，大受顾客的欢迎，市场上还掀起了一阵抢购热潮，几个月之内就卖出了几十万台。从此以后，在日本，以及在全世界，电扇就不再是单一的黑色了。

这一事例具有很强的启发意义，只是改变了一下颜色这种小事情，就开发出了一种面貌全新的新产品。而这一改变颜色的设想，其经济效益和社会效益何等巨大！而提出这一设想，既不需要渊博的科学知识，也不需要有丰富的商业经验，为什么东芝公司其他的几万名职工就没人想到，没人提出来呢？为什么日本以及其他国家的成千上万的电器公司，在以往长达几十年的时间里，竟都没有人想到，没有提出来呢？这主要是因为：自有电扇以来，它的颜色就是黑色的，虽然谁也没有做过这样的规定，但它在漫长的时间里已逐渐成为一种惯例、一种传统，似乎电扇就只能是黑色的，不是黑色的就不称其为电扇。这样的惯例，这样的传统反映在人们的头脑中，便成为一种根深蒂固的思维定式，严重地阻碍和束缚了人们在电扇设计和制造上的创新思考。

现在企业更新、淘汰的速度越来越快，呈现出令人眼花缭乱的景象。当一些著名大企业江河日下难挽颓势，一大批中小企业举步维艰之时，企业要想保持昔日辉煌，将越来越难。从某种意义上说，市场竞争是一场不进则退、永无止境的竞赛。

由此可见，企业的发展是离不开创新的，创新可以使企业处处把握先机，时时抛出新招，吸引公众的眼球和欲望，开拓出全新的市场。

美国第一颗人造卫星准备发射前，有一位公司的老总给有关人员写了封信，想在卫星外面做广告。有关人员收到信后，都认为他有神经病，根本不予理睬。

可是这位老总却很认真地一次又一次给他们写信，非要做成这个广告不可。后来，这件事情传开了，所有人都觉得很新鲜，在卫星上做广告，谁能看得见呢？一个谁也看不见的广告又有什么意义呢？难道广告是做给外星人看的吗？

直至卫星真的发射成功了，这位老总的要求也没有被批准，但却被媒体炒得沸沸扬扬。短短几个月内，这位老总和他的公司在美国变得家喻户晓，知名度大大提高，产品的销量也节节攀升。

后来记者在采访这位老总时问道："您怎么会想到在卫星上做广告呢？"这位老总笑笑说："当时我的公司刚刚起步，根本没有足够的资金去做广告。为了达到宣传的目的，我只能找一个根本不可行的办法，一分钱没花，却比花了钱的广告效果还要好上千倍。"这就是创新带来的巨大收益。

创新是一种态度。所以，在工作中，只有让创新成为每一位员工自动自发的一种态度，才能实现企业发展与员工成长共赢，才能让我们梦想成真。

做人做事黄金箴言

创新是一种态度，企业的发展离不开创新。只有让创新成为每一位员工自动自发的一种态度，才能实现企业发展和员工成长共赢，才能让我们梦想成真。

第六章
看破上司的心思

职场人除非是老板，否则每个人都会有一个顶头上司。他们就像游戏中的Boss，总是最难应付的一个，但是通过和Boss的对战你却能成长的更为迅速。上司的心思总是琢磨不透的，他们就好像一本读不透的书，在他们的世界里总是艺术地把管理玩弄于鼓掌。你虽然头疼与他们相处，但是为了更好地生存下去，又不得不通过自己的悟性和方法来更好的去应对，并继续共存下去。

功高不要震主

　　人力资源专员Jessica入职5年，能干又努力，工作认真做事漂亮，人缘极佳，但奇怪的是尽管工作出色，可仍旧原地踏步，难步青云，倒是那些不如她的同事却接二连三地升了职。

　　Jessica很能干，多次得到领导的表扬，但上司就是不喜欢她。为什么？在小节上从不顾及上司感受，比如：每次开会老板都指定Jessica做会议记录，Jessica整理出来后从来不会让主管Tommy过目就直接上交老板，因为老板夸她有妙笔生花的文案整理功夫；她帮其他的部门做事，从不事先请示Tommy是否还有更重要的工作分配她做，就自行接下，所以她是得到了好口碑，Tommy倒显得有些小气。部门要买个投影仪，Tommy让她询价作比较，然后准备购买一台，Jessica拿到供应商资料后多方比较，自作主张就订了货，还对Tommy说出一大串理由，好像她做事是多么的圆满。

　　在看到又一个同事加薪升职后，Jessica叹道："唉，上司真是瞎了眼了。"

　　其实上司一点也不瞎，人家心里亮堂着呢。虽然公司制度告诉我们：升职加薪需要自己努力工作靠真实才干获得。潜规则却说：做事要多请示上司，功劳要想着分给上司一半，莫要埋没领导的支持和指导。

　　不管你承认不承认，那些表现出色，从不出事，也不需要老板来指点的人，并不一定能得到重用和认可，甚至不让上司喜欢，因为面对你的完美，上司无法发挥他的指导，无法显示他的才干，而你也就不会和进步或改正什么的词挂钩，这时候，完美就是你的缺点；倒是那些大错不犯小错不断，又喜欢和上司接近的人容易获得更多的机会，因为他们给老板预留了发挥的空间，让上司很有成就感，即便日后升了职也会被骄傲地冠名为"我培养出来的"。有时候，满足一下上司的虚荣心也算剑走偏锋的一招。

顶头上司对我们的晋升起着至关重要的作用，如果能与他建立良好的关系，我们的晋升就容易得多，否则的话，即使你有一身的本领，也毫无用武之地。上司也是人，他们也希望能和下属建立一种友好的关系，每一个上司都不会故意为难自己的下属，只要你在和上司交往的时候，掌握一定的技巧，多注意些，达到目的就不会很难。对上司忠心，每个上司都希望下属对他忠诚，讲义气，重感情，不在别人面前说他的坏话，在困难的时候仍然跟随着他，而不是背叛他。肆意攻击、背叛上司，吃亏的是自己，说不定后面有一连串意想不到的报复将会接踵而至。所以，如果你是个天生的"反对派"，一定要设法加以改变，多请上司批评指教。

平时工作时，要多给上司预留指导空间，一方面是以自己的示弱，来凸显他的强大、有能力，让领导脸上有光；另一方面，是表明自己的识时务，作为下属的安分守己，让领导感到自己始终是在一个更高的级别上，他的地位没有丝毫地受到威胁。

如果你是一个做出了一点成绩的新人，而且已经成为了大家关注的焦点，就更要注意自己的言行，不要和领导争先，避免因这些行为将领导推向自己的对立面，给自己以后的发展带来障碍。

渴望在职场中得到晋升，这本是人之常情，但如果为了晋升，锋芒毕露，抢了上司的风头，就得不偿失了。那么，如何做才能让自己避免抢上司的风头呢？

（1）当你有机会和自己的上司一起去向领导汇报工作时，要注意自己的身份，时刻以上司为主，不要抢上司的话头，除非上司要求你发言。当然，说的时候也要谨慎，按照与上司商定的思路去说，对于上司的发言，可以补充，提供论据，但绝不要和上司唱反调。

对一些上司提出的你不能支持的主张，如果是重要的事情，你不能轻易抛出，最好让上司自己去斟酌。总之，一定要谨言慎行，不要把它当成是自我表现的舞台，否则很容易弄巧成拙。

（2）如果你和上司一起给员工安排工作，上司在主导位置，你要做的就是解释与补充，不要同上司争执，也不要试图影响和改变上司的决定，更不要在上司面前显示你可以充当共同决策的角色。这种时候，你要维护上司的权威，而你的表现也是上司放权给你的重要参考。

（3）当你和上司一起参加酒会或其他公共活动时，要让他成为公众关注的中心，不要抢了他的风头。有的职场新人在这种场合对自己很放松，不知不觉中抢了上司的风头，最后影响到自己的前途，这是很不合算的事情。

（4）千万不要出现越级汇报的事情，这是职场中的大忌，这种行为令很多上司深恶痛绝，一旦处理不好，很容易与上司发生冲突。因此，一定要在工作流程上规范自己，不要稀里糊涂地就断送了自己的前程。

被别人比下去是令人恼恨的事情。如果你的功绩超过了自己的上司，这对于你来说不仅是蠢事，甚至还会产生致命后果。所以，即使立了功，也绝对不能居功自傲，独享荣誉，而是要恰到好处地把功劳让给自己的上司，把众人的目光引到上司身上。

做人做事黄金箴言

虽然升职加薪需要自己努力工作，靠真实才干获得，但是做事要多请示上司，功劳要想着分给上司一半，莫要埋没领导的支持和指导。

让老板知道你的忠诚

在一项对世界著名企业家的调查中，当问道"您认为员工应该具备的品质是什么"时，他们几乎无一例外地选择了"忠诚"。

老板在衡量一个员工是否可用时，都会将忠诚放在所有素质的首位。他们知道，只有忠诚的员工，才会使公司的效益大幅度提高，才能增强公司的凝聚力和竞争力，让公司在变幻莫测的市场中更好地立足。

忠诚是市场竞争中的基本道德原则，违背忠诚原则，无论是个人还是组织都会遭受损失。无论对组织、领导者还是个人，忠诚都会使其受益。

有很多这样的人，假如你说他对老板的忠诚不足，他常常会这样辩解："忠诚有什么用呢？我又能得到什么好处？"忠诚并不是为了增加回报的砝码，如果是这样，就不是忠诚，而是交换。如果这样，老板宁愿信任一个能力不强但却忠诚敬业的人，而不愿重用一个朝秦暮楚、视忠诚为无物的人，就算他拥有出色的工作能力也不行。换成你是老板，你肯定也会这么做的。因为如果他不忠诚的话，那他就有可能出卖企业机密，给企业带来危害和损失，并且他能力越大带来的危害和损失就越大。

有一些人，工作的时候敷衍了事，当一天和尚撞一天钟，但是他撞钟的声音是那样的无味和乏力，从来不愿为老板多出一点力。例如帮老板把几箱货物放在该放的地方，随时记下几笔零碎的账目，这些都只不过是举手之劳，却可以给老板省下很多时间和金钱。这些看似简单的事情却能很清楚地反映一个人是否忠诚。设想一下，假如是你自己的生意，你会袖手旁观、置之不理吗？你肯定不会。有些人工作马马虎虎，懒懒散散，因为他们觉得即使工作兢兢业业也得不到什么好处。这种想法到底是精明的还是愚蠢的呢？

下面的故事也许会对这些人有一定的教育意义：

有位王子深夜从外地办完事回王宫，看到一个仆人正紧紧地抱着他的一双拖鞋睡觉，他上去试图把那双拖鞋拽出来，却把仆人惊醒了。这件事给这位王子留下了很深的印象，他立即得出结论：对小事都如此小心的人一定很忠诚，可以委以重任，所以他便把那个仆人升为自己的贴身侍卫，结果证明这位王子的判断是正确的。那个年轻人很快升到了事务处，最后当上了军队的司令。

一位总裁说过："我的用人之道一个很重要的标准就是忠诚。当我们争论一个问题时，忠诚意味着你把自己的真实想法告诉我，不管你认为我是否喜欢它，意见是否一致。在这一点上，让我感到兴奋。但是一旦做出了决定，争论终止，从那一刻起，忠诚意味着必须按照决定去执行，就像执行你自己做出的决定一样。"

现任上汽集团总裁胡茂元自17岁进入上汽集团的前身上海拖拉机厂，已经在这家地方企业干了整整37年。从学徒到总裁，37年来他从未改变对上汽集团的忠诚，他时时刻刻以主人翁的精神为上汽集团默默奉献，不管任何时候，他总是把企业的利益放在第一位。2004年，上汽集团进入"世界500强"，胡茂元声称实现了"上汽几代人的夙愿"。

忠诚是人类重要的美德之一，忠诚是件无价之宝。那些忠诚于企业、忠诚于老板的员工，都是企业重视、老板重用的员工。这样的员工，他们会积极地为企业献计献策，而且，在危难时刻，他们会与自己的企业同舟共济。这时，忠诚会显现出它更大的价值。

做人做事黄金箴言

忠诚不仅是一种美德，更是一件无价之宝。忠诚可以使你得到企业的重视和老板的重用，可以使你实现更大价值。

要学会节约任何资源

养成一种习惯不容易，拥有一种好的习惯更加不容易。如果人们拥有了一种好的习惯，这种好的习惯给人们带来的效益将是无穷的，并且无法计算。我们都知道"节约是中华民族的传统美德"，节约就是一种好的习惯，是一种良好的生产力。有了节约，就会少许多的浪费，自然就省出相当一部分的资源、能源，这实际上也就是在创造价值。反之，如果只注重生产、发展，而忽视了节俭，尽管产出很高，但开支、浪费也大，那社会财富又怎么能积累起来呢？在今天竞争如此激烈的商业社会里，就算是在很小的地方去节省，积少成多，最后节省出来的东西也是可观的，甚至可能造成赢利和亏本的区别。

法国作家大仲马曾精辟地说："节约是穷人的财富，富人的智慧。节约是世上大小所有财富的真正起始点。"

犹太人有世界公认的经商天赋，但是如果说他们的财富完全来自于天赋，是不公平的。除了天赋外，犹太人的财富可以说是来自俭朴和勤奋。犹太民族是一个多灾多难的民族，早在几千年前，就有摩西率领犹太人走出埃及的记载，在"二战"中，犹太人又惨遭屠戮。苦难的生活，使犹太人养成了节约的习惯。在犹太教的教义里，有这样一句话："俭朴使人接近上帝，奢侈让人招致惩罚。"这可谓是犹太人生活的准则。

犹太人凭着节俭，以及过人的经商天赋，虽然经受了许多的苦难，但是在"二战"以后，他们很快地在落脚地"发家致富"，拥有了巨额的财富。卡特总统的财政部长布鲁门切尔就是用十几年时间白手起家在实业界打出一片天地的，40岁时已成为著名的本迪克斯公司的老总。在对犹太民族怀有偏见的人看来，犹太人无法摆脱掉"吝啬"的指责。实际上犹太人是对奢侈的东西吝啬，他们应当被称为"节俭家"。我们看一下犹太人商店陈列的廉价品就知道了。一般的犹太人消费的就是那些廉价品，比如说没有香料的肥皂和没有牌子的化妆品、餐具。无论是在芝加哥、纽约，还是在洛杉矶，只要犹太人逛街，他们总会买便宜货。

犹太人把"俭朴使人接近上帝，奢侈让人招致惩罚"深深地刻进了自己的骨子里。美国传媒巨头NBC副总裁麦卡锡曾经有这样一个故事。

在悉尼奥运会举行的一个由世界各地传媒大亨参加的新闻发布会上，人们突然发现，坐在第一排的美国传媒巨头NBC副总裁麦卡锡突然蹲下身子，钻到桌子底下去了。大家目瞪口呆，满脸疑惑，不知这位大亨为何在大庭广众之下会有如此不雅之举。过了一会，麦卡锡从桌子底下钻了出来，看着众人满脸的惊疑，扬了扬手中的雪茄说："对不起，我的雪茄掉到桌下了。我的母亲曾告诉我，要珍惜自己的每一分钱。"

而美国连锁商店大富豪克里奇，他的商店遍及美国50个州的众多城市，他的资产数以亿计，但他还是非常节俭。有一次，他想要去看一场歌剧，在购票处看到一块牌子写道："下午5点以后入场半价收费。"克里奇一看表是下午4点40分，于是他在入口处等了20分钟，到了下午5点才买票进场。

从麦卡锡和克里奇身上，我们看到了犹太人节俭的思想。愈是富有，愈要有节俭思想，愈要有良好的教养，愈要有本民族的传统美德。

犹太人在商业上获得的巨大成功，得益于他们把节约的习惯应用到生活和工作中。他们不富有，谁还会富有呢？

19世纪末20世纪初，犹太人踏上北美大陆时，大多穷困潦倒，一贫如洗。当时上岸的移民平均身带15美元，而其中犹太人只带10美元。刚刚到达美国的犹太人的第一形象就是穷。

贫穷的犹太人的唯一办法是投资10美元，成为流动的街头小商小贩。他们用5美元办执照，1美元买篮子，剩下4美元办货。赫赫有名的大家族，如戈德曼、莱曼、洛布、萨斯和库恩家族等，都是从沿街叫卖的小本经营发家的。这种发家致富的方式，对犹太人而言，其实是轻车熟路。

经过几代人的努力，美国犹太人的形象大变。作为一个群体，美国犹太人已争取到了更高的生活水准和收入，在这个富裕的社会中，犹太人是富中之富。从职业分布上看，美国犹太人除商业、金融业外，也大多从事"白领"职业，如律师、医生。

犹太人将节约作为自己的生活和工作方式，他们曾因为这种方式渡过难关，他们也因为这种方式而成为百万富翁，这就是他们拥有经商天赋的奥秘。

节约是一种美德，更是员工爱企业如家的重要表现，是企业对每个员工的基本要求，同时也是企业在市场竞争中生存与发展的客观需要。向犹太人学习，让节约成为自己的生活和工作方式，成为一种习惯，使公司和自己变得更加富有。

曾几何时，由于经济的相对封闭性，只要拥有低廉劳动力成本，或者丰富的自然资源，就能在竞争中占有一定的优势。这些地区的企业可以凭借地区优势称霸一方，独占市场。

但是随着经济全球化的迅猛发展，信息技术的日益普及，地域对于经济的影响已经越来越小。劳动力资源、技术资源、资金等，都因国际化而成为共有的资源。经济的国际化使得地区所独自享有的资源优势已经丧失殆尽，所以要想使得企业在竞争中立于不败之地，任何资源都不允许被浪费。

20世纪90年代，在钢铁企业普遍亏损的情况下，邯钢却脱颖而出，在利润率方面成为同行业的佼佼者。

很多人不知道，在赢利之前，邯钢曾连续17年亏损。为了扭转亏损局面，邯钢把目光盯在消除资源浪费上。钢铁行业是多流程、大批量生产的行业，邯钢的决策者们在调研中发现企业内部资源浪费惊人，而这些浪费无疑加大了企业的成本。于是，邯钢决定从成本入手，甩掉亏损的帽子。

他们根据当时市场上原材料、产品、能源及辅助材料等的平均价格，来编制企业内部成本，并根据市场价格的波动及时调整和修改。邯钢从原料采购到炼钢、轧钢开坯和成材，将各道工序的经济指标全部进行优化，争取在每一道工序上都不出现浪费的情况。

邯钢生产的线材，在20世纪90年代初，每吨成本高达1720元，而市场价只能卖到1600元，也就是说每销售一吨线材企业要亏损120元。120元的亏损，就意味着企业内部存在120元的浪费。必须从各个工序里把它找出来！在查找浪费的过程中发现，仅在产品的包装上，每个月就会产生上百吨废料，由此造成的损失超过8万元。在对包装设备进行了全面的技术改造后，每吨钢材的成本就下降了9元。经过认真分析，采取相应措施后，开坯工序每吨钢坯成本降低了4元，钢锭生产工序每吨成本降低了13元，原料外购每吨成本降低了30元……

经过层层分解，邯钢将每吨钢的成本最高限额压到了最低。大到几千万元、几亿元的工程项目，小到一张纸、一张邮票、一根螺丝钉，他们都精打细算。

为了促使这种机制高效运转，提高每位员工的节约意识，邯钢在给分公司下达成本目标的同时，采取了非常严格的奖惩制度以保证目标的完成——对于实际成本超出目标成本的分公司实行重罚，对于实际成本低于目标成本的公司实行重奖，同时加大了奖金发放的力度，奖金额占工资的40%~50%。另外，还设立模拟市场核算效益奖，按年度成本降低总额的6%~11%和超创目标利润的4%~6%提取，仅1994年效益奖就发放了5800万元。

2003年，钢材市场竞争异常激烈，钢材价格一降再降，而原材料价格不断上涨，在这样的情况下，邯钢仍实现了销售收入115.24亿元、利润5.5亿元的佳绩，令同行业惊叹不已。

通过邯钢的事例我们可以得出一个结论：任何企业要想削减自己的经营成本，就必须在经营管理的各个环节进行有效的控制，避免任何资源的浪费。

浙江义乌有一个吸管厂，所生产的吸管90%以上都销售到了国外，年产值占全球吸管需求量的25%以上。吸管每支平均销售价在8~8.5厘钱间，其中，原料成本占50%，劳动成本占17%~20%，设备折旧等占18%多，扣除这些成本，利润仅有8~8.5毫钱。这家吸管厂之所以能够依靠如此低微的利润迅速壮大起来，其中的奥妙就在于：在生产中绝不允许浪费任何资源。他们计算着每一厘每一毫的成本。由于晚上电费比白天要低，他们就把耗电高的流水线调到晚上生产；吸管制作工艺中需要冷却，生产线上就设计了自来水冷却阀。就这样，他们硬是从成本中将利润节省出来，创造了自己的辉煌。

由此可见，众多在成本领先战略上获得巨大成功的企业，无一不是得益于他们从不浪费任何一点资源。对于成功企业如此，对于那些普通的企业来说，更是如此。因为，利润不仅来自企业创造的价值，同样来自对于资源的节省。

作为企业的一名员工更要有"不允许浪费任何资源"的意识，因为企业的发展离不开员工的共同努力。当员工有了这种意识以后，企业不浪费资源，赢得利润才有可能实现。

所以，要想成为优秀员工，就要自觉自愿地行动起来，为企业节约资源，为自己创造更大的发展空间。

了解上司，和平共处

老板作为一个企业的领导者，每天要面对着千头万绪的工作，其心理所需承受的压力可想而知。因此，作为员工与这样的老板相处，其内心所承受的压力肯定也小不了。但若老板"老板着脸"，员工战战兢兢，这样的局面想必对谁都不好，毕竟谁也不愿意自己的生活处在压抑之中。可见，在职场当中，你要想达到如鱼得水的境界，就要懂得在领导面前态度自然的道理。

小李在一个事业单位工作有两年多的时间了，他工作非常努力，能力也很出众，按道理说他早就该获得提升了。但事实上，领导却不这么认为：他的努力一直没有获得领导的认可。原来小李所在单位的领导是一个非常严厉的人，因此小李在日常的工作中很少和他打交道，有时甚至在路上遇见也会远远地避开。领导对于小李的工作似乎也是格外挑剔，差不多每次对他的工作都是吹毛求疵，更有甚者有时甚至根本就是领导自己犯的错误也要怪罪在小李的身上。另外，小李虽然在工作中做了很多的努力，但是领导对此却并不知情。对于领导来讲，小李明显是一个不太让他满意的员工，而且每次见到小李故意躲避自己就更让领导心里感到不舒服。久而久之，领导和小李之间的关系越来越疏远了。

从上面这个例子可以看出，与领导相处也是很有学问的。因为在一个单位里面，领导不仅仅是你的领导，更是所有人的领导，如果你在领导面前显得过于兴奋，表现于太强的话，那将会很容易让人误认为你是在作秀，这对你日后在单位中的处境是极为不利的。还有一些同事为了避免别人说三道四的，采取了对领导敬而远之的态度，这样的做法当然也是不对的，因为领导无法了解你真正的实力，又怎么敢提拔和重用你呢？所以面对领导，我们要泰然自若，不卑不亢，实事求是，以自然随和的态度出现在领导的面前。

不同的上司有不同的领导风格，了解一些他们的领导技巧类型，对于如何与上司们相处得好是大有必要的。理由有二：

一是从部属的立场来看，上司的所有动作，都是领导能力的表现，他是如何领导部属的？身为部属的要了解上司的领导技巧及方式、特征。你有没有反问过自己："我最喜欢上司的哪一点？"彼此都是成人了，如果你的回答是"他很和蔼，会安慰人"，"声音很有磁性"等，就太弱智了。回答的内容如果不是和上司的领导能力有关，如"他做事相当负责"等，就很难与上司建立良好的工作关系。

二是你要怎样去辅佐上司，现在书店里关于领导能力技巧的书浩如繁星，但是少有说明如何辅佐上司领导方法之类的书籍。所以现在要按照上司领导技巧的方式，来判断应对之道。在此要特别声明一下，现实和理论有很大的差异，具体运用起来要因时因地作出各种调整。

虽然刚才讲的是要如何辅佐上司，但在这里希望读者能假设自己正处于"上司无法根据具体情况改变领导方式"的困扰下，思考自己该怎么做。

1. 懒惰型上司

这种上司对于部属没有明确的指示，也不提供任何工作上所需要的资讯，偶尔开开金口，却只会谈论卡拉OK的事。偶尔你也会碰到这种拿他一点办法也没有的上司，如果认为麻烦而不愿去理会他，那也不行，事情还是要做下去的。因此，如何找出上司行为的症结所在，才是重点。

他的行为大致有下列两点特征：

一是无心之过。或许这位上司就是这种类型，也或许他经验不足，不晓得如何开展工作。

二是他是因为快要离职，所以无意工作。或是本身对于自己所受的待遇非常不满意，所以偷偷地用怠工的方式来抗议。

如果属于前者，可以向上司提出一些问题，让上司对工作有参与感，例如对上司说："您对这个计划看法如何？虽然会花一些钱，但是销售金额一定能够增加5%以上。"

如果属于后者时，他通常对于人事都不大关心，则必须在成果预测、预算及技术方面下功夫。

2. 激进型上司

这种上司经常找部属的痛处，骂他"成事不足，败事有余"，任何事都自己去做，对部属没有信赖感。这种上司凡事都要自己亲自去做才放心，又一味要求部属忠实勤勉。上司如果这样做的话，部属一定会在他的背后批评他"实在是成不了大器，一个人能做多少事，什么都管，叫别人怎么做事？看来我们也不用太认真了。"

这样会造成部属们不再努力工作，彼此间的隔阂也会越来越大，这对上司、部属及公司三方都是很大的损失。虽然这是个令人伤脑筋的上司，作为部属也不能只闹情绪，还是应该想办法去应对。

应对的方法是首先要有自信。其实上司并不是真的在责备部属，他就是喜欢那样子骂人，过了就好，用不着介意，如此退一步去想，便能海阔天空。所以，不要胡乱批评，要委婉地要求反省。

这种人生气时，火气一下子就爆发出来，而过了之后，又像泄了气的皮球。所以，当上司爆发火气的时候，部属只要委婉地表示"我了解您的意思，不过，能不能换个方式，比如说……"之类的意见即可。千万不要因为对方生气，就跟着冲动起来。

果真能如此去做，会令上司意想不到，怎么会有如此善良温顺的部属。这时再拿本《一分钟经理》之类的书放在他的桌子上，这位上司也许会看，也说不定会努力地吸收，而改进自己。这种上司，有时反而是心地善良、容易应对的人。

3. 诱导型上司

有些领导者很善于引导部属发挥自己的长处。这种领导者善于运用"回馈"的心理战术。

例如，他可能对你说："上次那件事，甲常务董事很赞同你的意见，但是乙常务董事认为还有检讨的必要，我也有同感，请你注意那一点，并在这星期内提出你的建议好吗？"

对于这样的上司，部属只要按照上司的吩咐去做就可以了。如果有觉得不妥当的地方，不妨坦白表示自己的意见。这种类型的上司，应该是能微笑倾听部属意见的上司。

4. 发展型上司

这一种领导者，不仅是会发掘部属本身具有的能力，还会主动地想让部属的潜能，更进一步充分发挥出来。

因此，他要求的事有时比较严格。他可能会对部属说："这件事你来做做看。"这时部属如果说"我没有这方面的经验，恐怕……"上司大概就会大声说："那还用说！有谁一开始就什么都知道的？某某公司的这份资料，你先拿去参考看看再说。"

这时他丢一份其他公司的案例给你，要你自己去摸索，这种招数实在高明，不告诉你该想哪些事，而是教你如何想。甚至他还希望把你教育成一位不需要上司在一旁督导，就可以独立作业的部属。

站在你的立场来看，能遇到这样的上司，算是很幸运的事。或许有些地方会比较辛苦，但是这种类型的上司值得跟随。与其没有建设性的批评，倒不如赌上自己的事业前途，完全信赖自己的上司。

如果你能做到这种程度，那也是相当了不起的人物了。

在职场中，你要想达到如鱼得水的境界，就要懂得在领导面前态度自然的道理。不同的领导有不同的领导风格，要与领导和平相处，首先要了解他们的领导技巧类型。

面对老板的"糖衣炮弹"

旁华在失业两个月后，终于等到一家合资公司招聘销售主管。这家公司在城市寸土寸金的最繁华地段的写字楼里租了整整一层，2000多平方米办公区，并装修得现代、大气，各部门办公区间宽敞、亮堂，旁华心中暗喜有幸遇上这样实力超强雄厚的公司。

过五关、斩六将，旁华使尽浑身解数一路杀到总裁面试定夺那最后一关。总裁是位港商，50多岁样子，面善、和蔼，很具儒雅风度。面试之前，总裁很随意地跟旁华聊了几句家常话，让他紧张的心情顿时有所缓解，在随后的应答中也算自如。只是当总裁审视他应聘登记表时，摇了摇头，稍微撇了一下嘴角，并意味深长地自言自语："如果我的销售主管一个月才能挣到2500元钱，那我这个老总还混个啥劲。"

旁华一听，后悔得差点当时就拍大腿。原来，旁华在上一个公司也是做销售主管，每月底薪2000元。他看这个公司比那个公司气派，就多填了500元钱，没敢多填，怕公司觉得他的要求太高留不住人。面试结束后，旁华兴奋地回家跟妈妈说："我今天应聘的公司很有实力，我的薪金要求竟然写少了。估计如果能聘上，月薪能给到4000元钱。只是我写少了，公司会不会担心我的能力不行呀？"从薪金要求的高低里，公司也是要看一个人自我能力的评估。忐忑不安地等待了数日，公司通知他被录用了，旁华这心里的高兴劲儿就别提了，合计着可算找到了一家好公司。所以在等待期间把其他几个公司的面试通知都拒绝了，一心一意希望自己能在这里有好的发展。

随后公司又进行了长达近一个月的岗前业务培训。然而让他没想到的是，保持了一个月的高兴劲儿，却在签合同那一刻一泻千里，旁华整个人就像泄了气的皮球。合同书每月底薪那栏里明晃晃写着1500元，他起初以为眼睛花了，揉了好几下，再看还是那个数，问问其他被录用主管也都是一样。旁华带着一肚子狐疑把总裁的话向人力资源管理部门人员复述了一遍，他们听后却哈哈大笑，"我们那时他也说过这样的话，让人晕晕乎乎，进退两难……"

此时，旁华才明白，自己被老板结结实实地"忽悠"了！

不要轻易相信老板的话，尤其是牵扯到利益的问题时你更需要慎重地考虑一下，因为说不准什么时候老板就可能忽悠你一把。有些老板就是善于伪装，人前一套，背后一套，虽然都知道这种做法不得人心，并不是长远之计。但是为了眼前的利益，他们还是会乐此不疲地忽悠。旁华就是一着不慎被这位看似面善、和蔼，公司背景看似实力雄厚的"大忽悠"给涮了一把。

而职场上，老板忽悠人的把戏决不仅如此而已。当你好不容易下定决心跟老板谈薪水的时候，你会发现，他充满艺术地岔开话题，给你大讲公司远景，让你听得舒舒坦坦。你尽可以热血澎湃，但是我们可以负责任地告诉你：你加薪没戏了。

让员工像马儿一样快些跑，又要马儿少吃草，这是老板们的普遍心愿。老板告诉作为马的员工：快点跑吧，前方是大片大片的草原，还有潺潺碧水，到那里后我会让你们歇上一个世纪……真像一则寓言，其实不然，那只是一个想得到、看不着、吃不到的饕餮大餐。很多企业老板都热衷于为员工"画饼"，不断地"画"，结果饼"画"得不够圆，让员工失望、伤心，最后背离，永远地离开这个曾经让自己充满希冀而又伤透了心的地方。

据北京某机构一项"职工生活质量调查"显示，96.9%的员工看中个人发展机会，96.8％的被调查者看中薪酬，93％的被调查者希望有一个好的工作氛围。无疑，这对于老板来说就是一种"机会"，或者说挖掘员工潜力的机会。那么，企业老板都用哪些"手法"为员工"画饼"呢，

1. 金钱诱惑型

"干吧，工资、奖金大大地有"、"我给你股份"、"年薪百万"等豪言壮语，直击员工的最大兴奋点。做起来却南辕北辙，把员工部分薪酬"挂"到年底，或加以巨额的考核指标，完成任务方可兑现，否则就大打折扣。

如果规范运作的大公司倒也罢了，那些小公司恐怕就有太多的"猫腻"了。就拿号称"天下第一打工仔"何幕来说，当年浙江天翁保健品公司承诺的"年薪百万"，而何幕没有等到"年终盘点"，便拿着"零头"与老板"拜拜"了。

2. 思想麻痹型

"你是我的左膀右臂"、"没有你就没有公司的今天"等激情对碰常挂嘴边，把对员工的激励仅仅停留在口头表扬或表彰、记功等精神激励上，刻意把员工打造成"革命的老黄牛"，而在物质上则吝啬有加，对自己却一掷千金。

社会是物质的，人是"物质"的；社会是现实的，人是"现实"的，不让员工得到物质上的满足，又怎能达到马斯洛的"五项需求"的最高境界——追求自我满足与自我发展呢？

3. 高职诱惑性

"我准备把你培养成部门经理"、"三年内把你培养成公司骨干"都属于这种类型，老板向员工许诺以高职位或重要岗位。结果还没有兑现，老板便对员工心生厌倦，开始寻觅更优秀的人才了，这叫"人无千日好，花无百日红"，老板也照样"喜新厌旧"。更有些老板，怕自己的核心员工发展，怕员工壮大后出去"另立山头"，来争抢自己的饭碗。

好企业是一所学校，应该支持员工发展，甚至支持员工"跳槽"。天普集团作为太阳能行业的龙头企业之一，就为社会"输送"了大批离职员工，有的到其他企业肩负重担，有得已经自行创业，为此天普集团还感觉

很自豪。

4. 附加价值型

"年底公费带家属旅行"、"等公司做大了我给你配辆车"、"等你通过试用期，给你缴纳养老保险"都属于这种类型，为员工提供预期外的福利或待遇，或者称为外部薪酬。一旦兑现，可有力提升老板的公信力，可是很多老板在这方面都是蜻蜓点水，既然是"附加"的，也就是"额外"的，"附加"是需要增加公司运营成本的，无疑成为很多老板为自己的承诺打折扣的最冠冕堂皇的理由。

5. 只说不做型

完全的耍嘴皮，允诺对他们来说就如同家常便饭一样。你千万不要相信他信誓旦旦的话，这样的老板善于玩"空手道"，搞"智"本运营。既不让员工赚钱，又不让员工发展，甚至频频向员工施加压力，员工没信心，工作没快乐，自然也就没有效率。

他们今天承诺，明天许愿，却从不知道努力去兑现。结果只能是众叛亲离、离心离德，企业最终犹如一幢危楼轰然倒塌。

南德集团老板牟其中，曾经信誓旦旦进军世界多少多少强，并声称公司拥有如何之多的知识精英，然而对很多员工他在物质上付出的仅仅是每月不超千元的工资待遇。谁也不能否认，人员危机是南德集团垮掉的重要原因之一。

愿景总是老板不愿意加薪的一个惯用伎俩，每当他开始描绘愿景的时候，你就当是一个优秀的演讲大师在表演，你可以有一搭没一搭地左耳朵进右耳朵出，但是千万别当真。如果对公司尚有好感，那么就要勇敢地争取非薪水福利；如果实在绝望了，敷衍着听完，就赶紧琢磨找下家好了。

做人做事黄金箴言

不要轻信老板的话，尤其是牵扯到利益的问题时你更需要谨慎考虑一下，因为说不准什么时候老板就可能忽悠你一把。

听话照做，绝对服从

听话是一种能力，服从是一种天职。

一个军人的首要标准就是："服从"。但是就是这种看似古板的道理，真正执行下来，收效却是巨大的。第二次世界大战以后，世界500强企业的高层领导者中，有1500多名董事长、2300多名副董事长、7000多名董事一级的高层领导者，都来自同一所学校——西点军校。美国任何一所商学院，都没有培养出这么多优秀的管理人才。美国各大商学院和各大企业，纷纷开始向军校寻找优秀的管理人才。他们发现，西点军校是全世界最崇尚高度服从精神的学校之一，服从在西点人的观念中是一种高尚的美德、必备的能力。他们还发现，正是懂得服从使得西点军校的学员更胜一筹。

作为企业的一员，每个人都有权发表自己的见解和主张，以求为企业献计献策。这样做不但体现了我们对企业的责任心，也体现了我们善于思考的精神，这样做是绝对正确的，也是值得提倡的。

然而，一旦企业领导层就某个项目，或某项工作做出了最终决策后，企业的每位成员就应该无条件地服从。做到这一点，将更能体现我们忠诚于企业、忘我无私的精神。

有些人，当企业需要他们发挥思考力和创造力，为企业献计献策时，他们无动于衷、一言不发，而当企业决定了行动方向和计划后，他们却又无理地抱怨这个行动计划如何糟糕。接下去，要么按自己的意愿行事，要么干脆应付了事。这种人处处与企业格格不入，毫无服从意识。

如果你喜欢上规则，成功就会爱上你。服从是对自由散漫的一种制约，对自己行为的一种约束，是自我管理不可缺少的一个重要环节。服从就必须放弃个人主义，抛开自我中心，将个人的利益得失完全融入组织的价值中，做到个人服从集体、下级服从上级。只有懂得服从的人，才是真正有使命感、有责任感的人；只有懂得服从的人，才能做到为人严谨、做事认真；也只有懂得服从的人，才能担当重任。服从是一种内涵、一种素质、一种美德。服从更是一种可贵的精神。

人的一生是从服从开始的，可以说服从是人生的第一项责任。年幼之人的每一步成长，都离不开对父母和师长谆谆教诲的服从。一个人的独立思考能力和主观创造能力无不建立在服从的基础之上。人在服从中学到的所有常识、技能，以及在服从中养成的素质品德，都能促成一个人潜能和创造力的发挥。

服从不仅是人生的第一项责任，更是一生都不可缺少的责任。"没有规矩，不成方圆"，不论是服从领导的指挥，服从组织的安排，还是服从团队的决定，都是一个人一生必须遵守的规则和承担的责任。作为企业的一名成员，服从企业的工作安排、上级的任务分派，以及团队的分工合作是每一位员工应尽的责任。

没有服从意识的企业，只是一盘散沙，经不起任何竞争的考验。不能做到服从的员工，企业是坚决不会要的，因为这种人的存在势必会大大降低组织的凝聚力。企业领导者是绝不会因为个别人的一点能耐，而拿整个组织的整体利益开玩笑。因此，作为个人请务必深信，不懂服从是万万不可的。不论是为企业的发展做贡献，还是为自身前程着想，服从都是必不可少的。只有能做到担负起服从这一责任的人，企业才有可能考虑录用和提拔。否则，即使我们有一身的本领，也没有用武之地，只能被浪费。

作为员工，我们必须学会服从，必须担负起自己应有的责任，这样才有可能创造出更好的工作业绩。但在工作中，我们经常会听到这样或那样的借口。借口就是告诉我们不能做某事或做不好某事的理由，它们好像是"合情合理的解释"，冠冕堂皇：上班迟到了，会有"生病了，起得晚"、"路上堵车"、"手表停了"、"今天家里事太多"等借口；业务拓展不开、工作无业绩，会有"制度不行"、"行业萧条"、"别人也做得不行"、"还有做得比我更差的呢"

或"我已经尽力了"等借口；事情做砸了有借口，任务没完成有借口。

喜欢足球的朋友都知道，德国国家足球队向来以作风顽强著称，因而在世界赛场上成绩斐然。应该说，德国足球成功的因素有很多，但其中有一点特别重要，那就是德国队队员在贯彻教练的意图、完成自己位置所担负的任务方面做得非常好，即使在比分落后或全队困难时也一如既往，坚决服从战术安排。你可以说他们死板、机械，也可以说他们没有创造力，不懂足球艺术。但成绩说明一切，至少在这一点上，作为足球运动员，他们是优秀的，因为他们身上流淌着无条件服从的文化特质。

在很多企业，也许刚开始时只有一两个人经常找借口不守纪律，但慢慢地其他人就会效仿。这样一来，就形成了互相推诿、互相抱怨的局面，严重影响了企业的团队合作，进而影响到企业的竞争力和经营业绩。

因此，对每个员工而言，无论做什么事情，都要记住自己的责任，无论在什么样的工作岗位上，都要懂得服从，执行服从，才能忠诚于自己的企业。

做人做事黄金箴言

听话是一种能力；服从是一种天职，是人生的第一项责任。无论做什么事情，都要记住自己的责任，无论在什么岗位上，都要懂得服从，执行服从，才能忠于自己的企业，创造出更好的工作业绩。

像老板一样思考

小E的部门主管为了在上级面前表现自己优秀的管理能力，经常对开发时间夸下海口，因此，各项开发任务往往要求在不可能完成的时间完成。接连几次任务没有准时完成，此项目的上级产生了不满。小E的主管灵机一动，采用了授权管理。

当然，情况照旧，但是唯一改变的是小E部门主管在企业内部授权给下属员工。当下次项目会议召开的时候，小E该部门主管在会议上详细诉说了自己部门所进行的管理创新，并且指出，在授权管理下，员工的积极性大幅度提高。但是，由于个别员工的组织性、纪律性、自觉性不强，造成项目整体延缓。于是，曾接受授权的小E被选为"首席替罪羊"调离该部门，重新补充了一个新人进去。由于一个项目平均进行3~6个月，这个授权伎俩被充分使用，并且获得了良好的效果。

领导的话你一定不能全信，这就是职场的永恒真理。领导的有些话你大可不必当真，人家那么一说，你也就那么一听得了。如果你仔细观察，你会发现企业里的谎言实在是很多。谎言的特征是，说得天花乱坠，但是，跟实际完全不符。基本上是说归说，做归做，甚至，说的跟做的完全相反。以下四句好听的话，你听了最好多过过脑子，不要太较真。

1. "员工是最为宝贵的财富。"

如果你去采访任何一家企业的老板，问他关于对员工的认识问题，他们都会斩钉截铁地说："员工是我们最为宝贵的财富。"或者，"员工是企业的灵魂。"说法各有不同，不过意思完全一致。在这个问题上，所有的老板和管理员有着惊人的一致。一个老板可能敢公开地承认自己偷税漏税，但是，他决不敢承认自己不把员工当人。

某公司的老总对办公用品的管理非常严格，要求所有纸张必须双面使用；复写纸必须用到不能用了才能扔掉；所有的文具必须以旧换新；冬天严禁开空调，夏天必须在气温达到30度以上，并且已经到达7月中旬，才可以开空调。如此严格的管理，使得办公费用有所下降。

公司里有两个新进的大学生，在工作上没有任何错误，但是，根据他们上级主管反映，他们的工作似乎不够"积极、热情"。在高层管理人员会议上，老总说："大学生现在有的是，不合适的马上开掉！"于是，两位大学生因为达到"不够积极、热情"的标准被解雇。如果搞一个资产排名，这些作为"最宝贵的财富"排名肯定在办公用品的后面。

2. "我们要开诚布公。"

在公司会议上，慈祥、和蔼、可亲的上司经常会这样说："大家请畅所欲言。"面对一个个呆若木鸡的会议僵尸，上司清楚地知道，员工是需要鼓励的。当上司长篇大论说完以后，如果仅仅只有寥寥无几的掌声，对一些无能者来说是不够的。他们有大把的时间没有地方用，好不容易有一个开会的机会，怎么能不好好利用呢？于是，在员工完全没有准备的情况下，他们认为，需要员工在这短短的时间里，就听明白了报告的所有内容，并提出一些"令人激动"的想法来。

对发言者来说，他们期待的"令人激动"想法包括："这个思路太好了！我们公司又要赚大钱了！""这个想法太伟大了！怎么我们从来没有想到呢？""老大说得太有道理，简直说到我们心坎上去了！""我觉得老总说得很有道理，我们一定会认真执行的！"

如果这时候你站起来，对老板的观点进行认真地总结和分析，那么，你会发现：会议结束，报告仍然按照原样递交，而可怜的你，将面临什么样的命运呢，就要视你上司的胸怀而定了。

老板说"随便谈谈"，你可千万别随便。发言之前最好多察言观色一番，三思而后再言语。

3. "失败乃成功之母。"

这是每个人都知道的道理，失败能够增长经验，能够加强记忆。如果你是营销部门、开发部门的员工，你的上级一定会经常跟你们说，要敢于失败，要敢于冒险；对于按部就班的部门，比如财务部、生产部来说，一切都有明确规定，冒险代表着失败。但是，对于营销部门和开发部门来说，按部就班的工作，不可能有任何业绩。只有冲出去，不停地接触新的信息，做不同的尝试，才有可能获得更多的市场机会和新的创意。

道理是不错，但是，上级一些常用的词语有不同的意思——比如：冒险。对任何一个人来说，冒险，代表着有失败的可能，甚至有很大的失败可能。如果一件事情的成功率达99.5%，我们不能认为这是一个冒险，当一件事的成功率接近甚至少于50%的时候，我们才可以认为这是冒险。

上级要求下属多冒险有两个好处，如果冒险成功了，他可以以领导者的身份获得嘉奖；如果冒险失败了，下属就有个小辫子落在他的手里，每到初一、十五，他可以提一下下属的失败案例，分析一下失败原因，并且乐在其中。

如果你的上司让你放心大胆地去冒险，你可千万别太大胆，一定要在90%以上把握的基础上去创新，美国有苹果、3M之类的大公司敢于鼓励失败，在中国，目前还没有多少如此豪迈的企业。

4."这事交给你了，放心去做吧。"

所谓的授权管理，就是把管理者的工作任务和权力下放下去，让下属去做，以减轻管理者的工作强度，提高工作效率。看上去非常合理。从一个企业的角度来说，根据企业需要，设置了各种部门，根据各部门的工作情况，设置了各种岗位。从一个完美的角度来说，如果各个岗位的工作都顺利展开，企业就能良好地运行。

但是，一个把授权当做经典管理方法的企业不是这样。很明显，那些把授权当做管理技巧在那里推广的企业，他们的岗位设置明显地存在问题，下属没有事情干，全部工作都是上级一个人在干。问题是出在没有授权，还是岗位责任设置不合理呢？作为这样企业的员工，在授权活动进行之前，你并没有十分的空闲。

想想看，授权，授权，你被授予了哪些权？你有动用资金的权利吗，你有调派人手的权利吗，还是你享受公车接送的权利，那么授权跟普通的下达任务有什么不同呢？

如果上级下达了一个长期任务，而你根本搞不清楚具体该怎么做，如何衡量成功和失败，大约需要多少时间，需要多少费用，总而言之，在你对项目怎么办不是很清楚的情况下，你就可以采取授权的方式，把这个含糊的包袱扔给你的下属。

切记一个原则，授权并不是真的要你把权力下放，而是要把责任下放。人在职场，身不由己。领导或许也如此，每一个好不容易钻进权力金字塔的人，首先学会的就是曾经他所不屑的官话。说这些官话的有些领导只不过是为了显示自己的地位，敷衍下属，对于此类的领导，你只管听听就是；而有些领导则把这作为经管手法，你一定要听出他的话外音。

领导的话你一定不能全信，这就是职场的永恒真理。像老板一样思考，就是要透过现象看到本质，看透老板的谎言。

要懂得维护老板的尊严

几年前，小X从名牌大学毕业分到这家保健品厂。因为办事利索，很快就从普通研究人员晋升为研究所办公室主任。但是他却在关键时刻办了一件傻事。

有一次，研究所经认真研究、认证，出台了一套改革方案，由于在设计当中出了问题，致使整套方案泡汤，公司的老板追究这套方案的责任，小X不假思索思索地说道："这套工艺流程是在所长主持下完成的，其他人只是执行者。"结果第二天，所长就把小X叫到了他的办公室，一脸冷笑地说："小X，不错嘛。你真会说话，有了责任就往上司身上推……"此后没过多久，小X就被免去办公室主任一职，调到其他办事处去了。

因为不懂为上司留面子而毁了自己的前程的故事在职场中屡见不鲜，也许你觉得委屈，自己只是实事求是，为什么会落得如此下场？因为我们都会想到自身的利益，无论是收益上的还是面子上的。上司同样如此，给你前途

-200-

的是上司，他当然也可以毁了你的前途——只要你只顾自己的利益而不给上司面子。

虽然每个公司都标榜制度高于一切，文化高于一切，但是人终究是血肉动物，人的情绪是无法完全可控的，所以领导的喜怒与爱好有时候决定着员工的命运。这也是职场的铁律，就算是懵懂的职场人，都害怕得罪自己的老板。却有很多职员因为在自己利益受损的情况下一时冲动，忘记了这条铁律，想要追求所谓的公平，结果让老板丢了面子，也同样毁了自己的前程。

无论是老板还是上司都不是万能的，总有可能做错事。聪明的员工知道要经常背着一个梯子——永远给老板台阶下。作为下属，维护领导的尊严和权威，是最能赢得领导信任和青睐的。在关键时刻及时保住上司的颜面，必要的时候自己把责任揽下来。这样做会给上司留下极好的印象，也会给你的职场生涯带来转机。

公司里新招了一批职员，老板为此抽时间召开了一次全体员工的会议，加深一下了解。在会议上，老板宣读了一下人员名单。

"李哗。"

全场一片寂静，没有人应答。老板又念了一遍。

一个员工站了起来，怯生生地说："我叫李晔，不叫李哗。"

人群中发出一阵低低的笑声，此时老板的脸色显得有些不自然。

"报告经理，我是打字员，是我把字打错了。"一名看起来很精神的小伙子站了起来说道。

"太马虎了，下次注意！"老板挥了挥手，继续念人员名单。一周后，这位"犯错"的打字员就被提升了。

这位打字员真的犯错了么？肯定不是。他非但没有犯错，而且非常完美地给了老板一个台阶，真可谓一个"补台能手"。

人都是好面子的，尤其对于老板来说，面子更为重要。这直接关系到自己的权威和威信。从个人感情上讲，每个上司都喜欢有一个为自己工作上"拾遗补缺"的下属，如果你能够洞察上司的心思，在适当的时候，为上司填补一些工作上的漏洞，维护上司的威信，这对自己的事业及前程当然大有好处。

相反，如果在领导需要帮忙的时候，你没有及时救驾，那么你就有要做好事后老板对你处处针对你的情况了。此时，你也许会觉得老板的脾气毫无来由，但是你一定不要觉得太委屈，因为起因就是你。

小K是总经理办公室的秘书，这天上午她与同事小B刚从外面办事回来。一进办公室，办公室主任就朝小B大骂："你这个管档案的是怎么管理的？赶紧把某某文件给我找出来！"他见小B想争辩，火气更大了，根本不给她说话的余地："废物！饭桶！养你这种秘书有什么用？"

小B从小到大就没受到这种辱骂，她带着眼泪冲进了洗手间。一旁的小K之前也负责过档案管理，她一边找着文件，一边问主任："发生了什么事？"

原来，就在十几分钟之前总经理来电话，让人马上把上个月与德国方面签的几份投资意向书送过去。而当时办公室只有主任一个人，因为一直由小B负责文件档案这类具体工作，所以他找了一阵也没找到。老总就在在电话那头大发雷霆："你这个主任究竟是怎么当的，连个文件放在什么地方都不知道，你一天到晚到底在干什么？"

小K赶紧把那几份文件找了出来递给主任。没想到主任将文件送完回来后，脸色更加难看了。原来，在总经理的办公室里他又被数落了一通。一旁的小K给他沏了杯茶递给他，却没料到主任没好气地说："这个水怎么那么烫？你这个秘书是怎么当的，"见主任又把气往自己身上撒，小K感到莫名其妙。她知道这个时候不能惹主任，便躲得远远的了。

办公室主任为什么会把脾气撒到小K身上呢？因为主任认为自己需要帮助的时候，身为总经理秘书的小K却在袖手旁观，甚至可以说是麻木不仁。当然仅仅做上司的出气筒尚属侥幸。很多时候，因为没有照顾到上司的脸面而丢饭碗的职员也不少见，本节开头案例中的小X正是如此。

人无完人，面对工作中的千头万绪，用人管人中的千难万难，上司的疏忽和漏洞在所难免。这时候，作为下属就应该主动出击，帮助上司更改差错，往自己身上揽些责任。如果你非但没有照顾到上司的脸面，反而还给上司来个"落井下石",那么你就要小心你的前程问题了。

一般地讲,在职场中可以在这几方面多多维护上司的面子:

1. 领导做事喜大不喜小

从理论上讲,领导的主要职责是"管"而不是"干",是过问大事而不拘泥于小事。实际工作中,大多数小事由下属承担。

从心理学的角度分析,领导因为手中有较大的权力,较高的职位,面子感和权威感较强,做小事在他看来显然降低了自己的"身份",有损上级领导的形象。因此身为下属要多多替上司和老板承担小事的责任。

2. 领导喜欢做好人

工作中矛盾和冲突都是不可避免的,领导一般都喜欢由自己充当好人,而不想充当得罪别人或有失面子的坏人。

愿当好人,不愿演配角的心理是一种很普遍的领导心理。此时,领导最需要下级挺身而出,充当马前卒,替自己演好这场"双簧"。当然,这是一种较艰难而且出力不讨好的任务,一般情况下领导也难以启齿向下级明说,只有靠一些心腹揣测上级的意思然后再去硬着头皮做。你做了,老板也许不会表扬你,但是一定会记住你;你不做,老板却一定大为光火,事事找你麻烦。

3. 领导喜欢趋功避过

人都喜欢别人评论自己的功劳而回避自己的过失,上司更是如此。在评功论赏时,领导总是喜欢冲在前面;而犯了错误或有了过失之后,许多领导都争着往后退。此时,领导亟待下级出来保驾,敢于代领导受过。如果你勇于承担这个角色,就有可能赢得他的信任和感激,并得到一定的回报。

做人做事黄金箴言

人都好面子,尤其是老板,面子直接关系到他自己的权威和威信。维护老板的尊严,让老板不失面子不仅是你工作中的一部分,也是你得到赏识和提升的一种捷径。

有些事不必上司交代

　　A和B在同一时间进入一家市场采购公司，他们学历相当，所学专业也一样。然而一年后，B受到了上司重用，得到晋升，而A仍然是老样子。A心里面当然很不服气，他觉得自己工作比B认真努力多了，凭什么B得到晋升，而自己却什么都没有？他认为是A使用了见不得光的手法才取得这样的成就，为了弄清楚事情的缘由，A找经理询问。

　　经理思考了一下，对A说："能不能麻烦你到市场上跑一趟，看看今天有没有新鲜的大闸蟹卖？"虽然A不知道经理究竟想干什么，但他还是什么都没有问，赶紧跑到临近的水产市场查看。

　　半小时后，A回来了，一进门他就气喘吁吁地说："经理，水产市场上有刚上市的大闸蟹。"经理接着问他："嗯，每只大闸蟹的价格是多少？"A犹豫了一下，转身跑出去了，因为他根本就没问。半小时后，他跑回来说："每只大闸蟹的价格是50元。"经理笑了一下说："我们公司准备大量采购这批大闸蟹，货商们可以给出怎样的价格？"A挠了挠头，委屈地说："你没有告诉我这些啊？我这就去问。"经理叫住了A，"你坐一下，看看B是如何做的。"

　　经理把B叫进办公室，同样吩咐他："B，麻烦你到市场上去一趟，看看还有没有新鲜的大闸蟹？"40多分钟后，B回来了。手上还拎着两只大闸蟹，向经理报告说："经理，水产市场上有两家摊位售卖大闸蟹。第一家每只平均有4两重，每只卖50元。而第二家每只平均6两重，每只要卖80元。"经理听了点点头。

　　B又继续说："我已经和摊主都谈好了，如果我们公司一次性采购500只的话可以打8折，如果采购更多的话价格上还有优惠。这是我给他们索要的名片，另外我还从两家摊位上各买了一只大闸蟹回来给您参考……"

默默坐在一旁的A这时早已羞愧的满脸通红，已经无需经理再解释什么了。

很多人工作很努力，却得不到上司或老板的认可，为什么呢？因为他们工作不到位。正如案例中的A和B一样，执行同一个命令，同样努力地执行和完成任务，一个只是机械式的照做，一个却不仅仅把老板规定的任务完成了，即使没有说出口的命令也事先执行好，如果你是领导你会喜欢哪位员工呢？

那么，回顾我们自身，我们有多少人是如同B一样完美地完成任务呢？相信，我们之所以一直抱怨自己没有得到领导青睐，其中很大一部分原因就是因为我们自身，因为我们像A一样简单地按照上司的要求去做，如同一个上了机关发条的木偶，上司吩咐什么我们就做什么，如此一个口令，一个动作地完成，完全不想要做得更好，只是一味完成任务。在他们看来，"把事做完"胜过"把事做好"。因此，他们的工作效率总是很低，得不到上司赏识。

根据职场定律，上司总是期待员工创造出超乎他们薪酬的价值。同时，我们也应该认识到，在我们创造出这种价值的时候，老板也同样离不开我们，如此一来我们就有足够的筹码和资本来和老板讲条件。没有付出就没有回报，没有足够的筹码就会失去谈判的优势。很多时候不是我们不想高质量的完成任务，而是自身的思想在束缚着我们：凭什么我要那么卖力的工作？如果你拥有这么一种思想，那么你的工作始终不会完成的出色，你离上司对你的预期值也遥远的多，结果每次晋升加薪的机会都会与你擦身而过。

身为职场中的员工，我们不仅要完成上面交代下来的任务，更要有头脑地完成任务。有心的人会更周全地考虑问题，力求一次把事情做好、做到位，如此，上司就能放心地把事情交给他来完成。而平庸的人永远只会一个口令、一个动作地照做，虽然他们表现得极为认真，却难免做了很多无用功，因此工作效率低下，业绩也始终提升不上去。这样，他们不仅把自己搞得很辛苦，也会拖慢上司的计划，这种只会机械完工的职员是其他任何一名职员都可以轻松取代的。

职场不是军队，许多事情都是需要灵活应变的，需要你先上司一步想到问题所在。你是否在完成工作的过程中又接到上司安排下来的另一项任务呢？此时，你又是否心怀不满呢？无论如何，你都需要很快地在规定的时间内完成。上司的时间很宝贵，他给你安排的工作一定会比你之前的工作要重要。如果你在此时迅速地完成任务，那么就给上司留下反应迅速的印象，这也是高质量完成任务的表现。

你是否手头闲得发慌，或者庆幸自己终于完成了工作而什么事情都没有了？你不要总是指望上司给你安排任务，相反，你需要自己主动地去争取，让上司觉得你是一个有进取心、上进心的人，这很重要，这往往是他们提拔人才的主要标准。所以，你不应该只要求自己做好自己分内的事情就够了，你要不断地尝试不同的任务，就算是很艰难的任务也不能放弃，这也是你表现自己执行任务能力的机会。你需要尽力完成，不要有"这不是我应该做的"这种想法，即使是额外的也需要欣然接受并努力完成，不仅要敢于接受挑战更要完成得漂亮。

齐格勒说："如果你能够尽到自己的本分，尽力完成自己应该做的事情，那么总有一天，你能够随心所欲从事自己想要做的事情。"这里所说的做好自己的工作就是指的高质量地完成工作任务，这与那些得过且过的职场中人有着显著的区别。如果你凡事得过且过，从不努力把自己的工作做好，那么你永远无法达到成功的顶峰。对这种类型的人，任何老板都会毫不犹豫地排斥在他的选择之外。那么看看，你是否有着如此的想法呢？

我今天终于完成了我的工作；

速度要快，质量在其次，差不多就行了；

现在的工作只是跳板，不需要我认真对待；

我的工作能够得到他人的帮助就好了。

一个人一旦被这些想法控制，不管他的工作条件多么好，交付他的工作多么简单，也很难全心全意投入工作，也就不可能圆满做好自己的工作。对这种员工，老板会时刻准备辞掉他。

做人做事黄金箴言

不仅要把工作做完，更重要的是做好，多做一些上司没有交代的工作。赢得上司赏识最好的方式就是创造出超乎他们薪酬的价值。

不要真把上司当朋友

有个朋友讲她今天很不开心，因为觉得她的老板朋友对不住她，缘由是她老板是她老公的好朋友。她哭诉地说，当年这家公司还是小公司时她就过来帮忙，尽心尽力，身兼几职。而如今这家公司也小有规模了。

可她由于孩子要读小学了，家里没人照顾，想以后都提前在下午4点就下班以方便接孩子。按她的想法，这个老板朋友当然要同意！不是吗？一来她是老臣子，是得力助手。二来她是老板老友的老婆，难道不应该照顾一下吗？三来只不过提前两个小时下班而已，按说应该影响不大。

前天她和老板提出她的计划时，老板有点不置可否，她脸上就有点挂不住啦，当场她给了老板两个选择，一是她辞职，一是同意她的要求。可是结果老板告诉她，同意她辞职，因为如果同意她的做法，会对公司其他员工有不好的影响。所以她很不开心，觉得老板很不够朋友，伤害了她的心。

就算你再能干，再了解上司的心意，也只能是个能干的员工、贴心的员工。在上司心目中，你绝不会变成能干的朋友、贴心的朋友。如果你有股份与他的同等，你也只是和他合作得很好的生意伙伴，一切还是以利益为分成的。

工作就是工作，上司就是上司，真正的朋友是没有利益关系的。朋友是心灵的慰藉，与我们的精神世界息息相关；上司则是衣食来源的掌握者，与我们的物质生存紧密相连。假如有一天，你遇上了这样一位上司，他欣赏你理解你，信任你支持你，在工作之余你们还一起去踢球看电影。遇上这样的上司，你是不是在暗自庆幸并迫不及待地将他划入你的"好友"之列，如果是这样的话，你就等着伤心的那一天吧。

圣人说："君子之交淡如水。"千万不要让你的朋友当你的上司，更不要把上司当朋友。因为你们的关系从一开始就不是纯正如水的，只是建立在利益关系上的。

A与B两人同岁，一起进入同一家公司，B是A的上级主管，B口口声声地说与A是好朋友。A也一直把B当成自己的好朋友，而且经常一起开玩笑，甚至说一些相对隐私的话题。然而，A却想不到B会把他说的牢骚话传给公司老板，害得他挨老板一顿臭骂。A非常委屈，弄不明白其中的原因，他不知道为什么B会如此言行不一，他不知接下来该如何与B相处。

A的问题在于把领导当成朋友，领导却并没有把他当做朋友。领导有时为了鼓励下属，会说一些客套话，这是一种策略，千万别当真。

所以，如果有一天，一位当上司的朋友向你发出诚恳的邀请，切记冷却一下澎湃的热血，仔细考量一下前景。如果他真处于危难之中，急需你"两肋插刀"救火一回，短期帮忙当然无法推脱，但此种情况之外则不宜考虑。朋友之间羞于谈钱，可作为工作必定是需要薪水的，该拿多少无法衡量，倘若你把工作和私人感情牵扯到一起，最后受伤的只能是你自己，而你的职位、公司发展等问题，也一定是引发你不满的导火线。

现代社会的人们，都愿意与领导交朋友，这是不争的事实。因为领导可以帮着解决很多问题，给自己或亲属带来许多利益。古人早就说过，富在深山有远亲，穷在闹市无人识，时代发展到今天，这个现象依然存在，且更为明显。当把领导与朋友这两个概念放在一起时，你就得把握准确了。如果你把握不好，不知道自己到底能吃几碗干饭，最后的结果是不仅朋友做不成，他还不想领导你了呢。

想和领导做朋友？你得看清楚领导的本质。领导是权威，是制度，是有权力给你带来福利分配的人，是管理约束你日常行为的人。当你和领导成为朋友的时候，会不自觉地流露出你们的感情和关系，说小一点会影响领导工作的开展，说大一点会影响到领导的威信，让领导心里不舒服。尽管你是领导的朋友，甚至达到了私下里无所不谈的地步，但是在公开场合下你始终得维护领导的地位，和别人一样说些恭维领导的话。而朋友是什么啊，朋友是手足，是义气，是真诚的交往和平等的沟通，是可以与你同患难共甘苦的人。你和领导交朋友，会有这种感觉吗，所以说，千万别把领导当朋友。

那么在职场中，应当如何与自己的上司相处呢？

1. 站在上司的立场上想问题

如果独立思考是一种技能的话，很多人已经遗忘了如何做到。遇见一件事情，并非考虑表面问题就可以，需要的是更深入的思索和换位思考。

上司交给你一件事情，一般人都只会去想自己能不能做好，有多大的好处。但这件事情的来龙去脉，对你上司的好处，以及将会产生的影响力也是你必须思考的，因为只有了解这一切，你才能做出最正确的判断。所以，你先要站在上司的立场想问题。

这种换位思考是必要的，只有你站在上司立场上，才能看到更高一层对事件的反应。他让你做的，是不是一个孤立的事件？为什么要做，为什么找你做，你的同事会有什么看法？你上司的同僚会有什么看法？在公司里会有什么反响？

这些问题你从前不会想，却是你上司每天都在考虑的。这就是为什么他会当上司，而你没有的原因。许多人职场的问题就是这样，不想太累，不想思考，上司命令什么就做什么。如果真的只想这样，那你的职场之路就是永远呆在底层做小职员，看着比你晚进的人慢慢升职。

倘若你站在上司的立场上，把整个问题想清楚，你就知道，他为什么要命令你做，这件事情对你上司有多重要，这件事情是不是可以推脱的。这是你接触所有工作的前提，随后你才可以对它做出判断。

2. 站在自己的立场做事

当上司相信你，让你做一些事情时，你的心里必须有自己的小算盘，别傻兮兮的什么都做。你要站在上司立场上去考虑问题，了解上司为什么要做，能达到什么目的。然后再以自己的立场抉择，有些做，有些推脱。

选择符合自己利益的事情去做，不符合利益的想法推捭。用做了的事情取悦上司，而不做的事情则让上司知道，你已经完全尽力了。

一般而言，当某件事情放在面前，你需要先站在上司的立场上考虑，如果这件事情对上司有好处对你也有好处，那就放手去做。如果这件事情对上司有好处对你却不利，那就想法子推诿。

你要明白，站在上司立场考虑问题，绝不是要站在上司立场做事情。上司做错事情没关系，他可能有自己的靠山，可你做错事情却没人救你。

所以不管怎么样，最后做事情的准则是以你的利益为重，一切都要有利。在职场上根本就没有所谓的朋友，在这里只有利益关系，如果你在保证自己利益的同时顺带着给上司创造利益，那就创造了多赢的局面。

做人做事黄金箴言

工作就是工作，上司就是上司，真正的朋友是没有利益关系的。千万不要把上司当朋友，因为你们的关系从一开始就不是纯正如水的，只是建立在利益关系上的。

第七章
办公室的心理博弈

工作是个竞技场，每个人都可能成为你的对手，即使是合作很好的搭档，也只是基于利益上的关系。你不知道身边这些朝夕相处的人心里究竟是怎么想的，这些亦敌亦友的人就如同身边安置的不定时炸弹，与之处之不安，弃之又不得。

你没有选择同事的权力，但是你却能通过改变自己来改变他人。同事虽然天生是你的竞争者，却也同时扮演着合作者的角色。如何在这两者之间寻求一个最为稳妥的点，关键就在于你。

同事间，距离产生美

小赵和小冯虽然家境不同，两个人却成为知己。他们是大学同学，在学校里时只是一般朋友，进了同一家公司后，又住在同一间公寓，才渐渐成为知己。

因为读大学，家里为小冯借了许多债，他就悄悄找了一份兼职，帮一家小公司管理财务。小赵发现他下班后也忙得不可开交，一问，小冯就把自己做兼职的事情告诉了小赵。

公司每年都会选派一名优秀员工到一家著名的商学院培训。根据选派条件，条件最好的小赵和小冯都被列进了候选人名单。小赵对小冯说："要是我俩都能去该多好啊。"小冯说："但愿如此。"

结果小赵脱颖而出，成为公司那年唯一选派的培训员工。小冯很失落，他非常想获得这次培训的机会，于是找老板，请求也参加这次培训。

老板看了小冯一会儿，冷笑着说："你太忙了，就免了吧。"

小冯急忙说："我手头上的项目，我会尽快完成的。"

老板沉下脸来说："那家小公司怎么办，谁给管理财务。"

小冯立即愣住了，他一时搞不明白老板怎么知道他兼职的事。他本能地辩解说："我兼职是有原因的，这并没有影响我在公司的工作……"

老板打断小冯的话说，"好了，你忙你的去吧，我还有事。"接着冲小冯摆摆手。小冯只好灰溜溜地离开。

"你太忙了"——小冯没想到这句话会成为阻止他培训的理由。可老板怎么知道他兼职的事情呢，这件事那家小公司是绝对保密的，他也只告诉过小赵一个人。小冯越想越心酸，他没想到知己会出卖自己！

同事之间过于亲密，不但会像刺猬那样刺痛对方，还容易互相掌握对方的"隐私"，影响各自在公司里的发展。没有什么会比竞争与晋升更能考验友谊。一名拥有过人资历，同时严守公司潜规则的员工仍然会轻易地与晋升机会擦肩而过，这一切只源于他所谓的朋友背后的几句坏话。

每天和你在一起时间最长的人是谁？不是你的亲人，也不是你的朋友，而是公司里的同事。他和你在办公室面对面、肩并肩，同劳动、同吃喝、同娱乐。办公室里的距离如何把握，并不是那么简单的事。

同事关系好，本是好事。大家来自五湖四海，为了一个共同的目标走到一起来了，心往一处想、劲往一处使，团结互助当然是好的，但是切记同事之间拒绝亲密。同事就是同事，不是朋友。交朋友，除了志趣相投外，忠诚的品格是最重要的，一旦你选择了我，我选择了你，彼此信任、忠实于友谊是双方的责任。同事就不同了，一般来说，如果不是自己创的业，也不想砸自己的饭碗，那么，你是不可能选择同事的，除非你在人事部门工作。所以，你不能对同事有过高的期望值，否则容易惹麻烦，容易被误解。适当的距离能让你跟他看起来最美。

美国精神分析医师布列克曾对同事间的交往打过一个精彩的比喻：两只刺猬在寒冷的季节互相接近以便取得温暖，可是过于接近彼此会刺痛对方，离得太远又无法达到取暖的目的，因此它们总是保持着若即若离的距离，既不会刺痛对方，又可以相互取暖。这种刺猬式交往形象地说明了同事之间应该保持着若即若离的距离，不要过于亲密。这一著名的"刺猬理论"成为职场很多人交往的准则，但是在很多时候人们却逐渐地忘记或者忽略这一准则，直到有一天吃了亏，后悔莫及了才想起来。

同事之间应该"君子之交淡如水"，泛泛而交而不是真情投入，做一般朋友而不是知己。当他情绪低落的时候，你给予安慰；当他生病的时候，你端上一杯热水，并真诚地问候；当他有困难的时候，你要力所能及地给予帮助，但不可把你的心扉完全向同事敞开，将自己的隐私向对方倾诉。这样，你就不会被对方刺痛了。

职场中，人与人的关系仿佛永远难以琢磨。很多人在工作能力上无人企及，可人际关系却是他们的"软肋"。如果你也是他们中的一员，那就一定要好好领会同事交往的适中距离。

同事之间走的太近，对于老板来说也是非常不想看到的现象。有的员工喜欢结交朋友，其自身具有吸引力，身边总是团结着几个同事。如果在单位里表现得过于亲密，就会被老板察觉，并引起老板的敌视。这样做，一是有拉帮结派的嫌疑。在老板眼里，员工应该彼此保持独立，这样他最容易管理。如果你身边密切团结着几个同事，这是老板最忌讳的。即使你没有拉帮结派的意思，老板也认为你在拉帮结派，有跟他对抗的企图。一旦老板对你有了这种看法，就会压制你，甚至将你打入冷宫，削弱你的影响力。二是有集体离开公司的嫌疑。几个同事一起跳槽，或者合伙开公司，让原来部门工作顿时陷入半停顿状态，是老板最不希望发生的。你与身边的同事过于亲密，敏感的老板就会猜疑你们是不是要一起跳槽，或者合伙开公司。虽然你们根本不曾谈论过这些问题，但多疑的老板一旦相信自己的判断，就会防患于未然，提前采取措施。老板最常用的方法是把你调离，重新换一个部门，或者调到分公司去，甚至为了公司大局稳定，不惜忍痛割爱，炒你的鱿鱼。

同事之间，最好保持一定的距离。即使再好，也不要太近。而对于下面这些同事最好选择远离，不可深交。

1. 搬弄是非的"饶舌者"不可深交

一般来说爱道人是非者，必为是非人。这种人喜欢整天挖空心思探寻他人的隐私，抱怨这个同事不好、那个上司有外遇等。长舌主人可能会挑拨你和同事间的交情，当你和同事真的发生不愉快时，他却隔岸观火、看热闹，甚至拍手称快。他也可能怂恿你和上司争吵。他让你去说上司的坏话，然后他再添油加醋地把这些话传到上司的耳朵里，如果上司没有明察，届时你在公司的日子就难过了。

2. 唯恐天下不乱者不宜深交

有些人过分活跃，爱传播小道消息，制造紧张气氛。"公司要裁员"、"某某人得到上司的赏识"、"这个月奖金要发多少"、"公司的债务庞大"等，弄得人心惶惶。如果有这种人对你说这些话，切记不可相信。当然也不要当头泼他冷水，只需敷衍："噢。是真的吗？"

3. 顺手牵羊爱占小便宜者不宜深交

有的人喜欢贪小便宜，以为"顺手牵羊不算偷"，就随手拿走公司的财物，这些东西虽然值不了几个钱，但上司绝不会姑息养奸。这种占小便宜还包括利用公司上班的时间、资源做私事或兼差，总认为公司给的薪水太少，不利用公司的资源捞些外快，心里就不舒服。这种占小便宜的人看起来问题不严重，但公司一旦有较严重的事件发生，上司就可能怀疑到这种人头上。

4. 被上司列入黑名单者不宜深交

维姬大多情况下都在说公司好话，她看上去非常喜欢自己的工作，并且确实是一名出色员工。然而，她最好的朋友却并非如此。萨利在公司中非常直率，经常发表负面言论。当公司要进行裁员时，维姬惊奇地发现自己的名字与朋友一同出现在了名单之上。她未曾意识到的一点是——公司正在利用裁员驱逐对于自身不利的一部分人：由于萨利是公司的首要驱逐对象，公司认为既然维姬与萨利如此要好，那么她必然也是同一类人。因此，维姬同样被视为公司的不利因素，而公司对于她的态度同时也趋向负面一端。其实，原本维姬不应该被开除的。

无论公平与否，公司往往就是通过这样一种标准衡量员工的。这就意味着，你不但需要避免公司反感的行为，同时还要远离公司反感的人。

如果公司见到你与那些散播负面言论的人混在一处，他们便会认为你与对方持有一致意见。其实，你极可能是在制止谣言传播，但是只要你在听那些谣言传播者讲话，就会被视为同类。倘若你的一位朋友与重要上司不和，你同样会被牵连其中。这便是他们处事、看人的一贯方式。

综合本节前面的内容可以看出，与同事深交是非常不适宜的。同事之间的深交不仅会影响到你的晋升，即使当你晋升之后，也会被迫脱离原有的工作伙伴及同事，更加令人感到难过的是，部分人会因为职位变动而"横尸"

职场。那么，认真思考一下，你究竟是选择原有的个人社交圈，还是选择更多的薪金，更好的职位，为自己及家人创造更为美好的生活？

做人做事黄金箴言

同事之间关系不宜过紧，过于亲密不但会像刺猬那样刺痛对方，还容易相互掌握对方的"隐私"，影响各自在公司的发展。同事之间应该"君子之交淡若水"，泛泛而交而不是真情投入，做一般朋友而不是知己。

表里不一，司空见惯

小E与小T差不多是同时进这个单位的，但他们并不怎么来往。大概是两人性格相差太大了。小E特别开朗，每个同事和小E关系都很好，而小T比较内向，每天都看他皱着眉头，不知道在烦什么事情。

因为小E的工作表现和平时的为人处世，领导准备提升小E，正好他们办公室主任要退下来，领导找他谈话，让小E接这个位子。也不知道这次谈话内容怎么被小T知道了，他就开始冷嘲热讽，意思是：小E是个圆滑的人，很会拍马屁。他也不顾忌什么，这种话就当着所有同事面前说了，让小E特别尴尬。小E也不和他一般见识，就等着"任命状"批下来。

"任命状"如期批了下来，但他们单位有这样一种规定，就是还要等一段时间，征求大家的意见，才能正式走马上任。这虽然是走走形式但既然是规定也不得不遵守。

但过了一个星期，上级领导来找小E谈话了，很严肃的样子。他说单位收到了匿名信，说小E生活作风有问题，还煞有介事地写道"某年某月某日有某个女人进了他的家"。看了这样的罪状，小E差点吐血，这一老掉牙的招数现在居然还在使用，大概是觉得小E爱人在外地工作，小E就会有被怀疑的理由，信的署名是"一个打抱不平的同事"。小E第一个怀疑的人就是小T，因为平时嫉妒排挤抢功总少不了他的份，而他在一开始的表现也实在让小E怀疑。幸好领导对小E特别了解，也对这种匿名告状的形式不屑一顾，最后这件事就不了了之了，小E还是如愿升上了办公室主任的职务。

在小E升职之后没几天，小T主动提出了辞呈，这样小E就更确信是他了，虽然小E对小T不算太了解，但从这段时间他的表现，已经猜出大概了。小T的匿名信并没有影响小E升迁，但从这件事使他确实领略到了"暗箭"的厉害。

"职场如战场"是很多人心知肚明的"真理"，事实上也确实如此。正因为人心难测，看似风平浪静的外表下也许正暗藏着怒气冲冲的杀机。稍不注意，哪怕是一颗小小的"流弹"也会把你打的粉身碎骨。

常言道："明枪易躲，暗箭难防。"话是这么说，但是却还是有很多人栽倒在同事放出的"暗箭"上。对于那些我们看得见的敌人，我们可以防患于未然，可是对于那些职场里涌动的暗流，我们却毫无准备。如果你没有一颗时刻警惕的心，迟早会在这个沟上摔一跤。

有的人不一定非跟你过不去，但却有意无意地排挤你，你的努力工作被认为是表现欲强，你对同事的关心被认为是虚情假意，同时还会不经意间散布一些小道消息来攻击你。在这种"暗箭"之下，你的工作情绪自然会受到影响，怎么应对就成了当务之急。

办公室里的明争暗斗，比真实的江湖更加激烈残酷，正所谓"人在江湖漂，哪能不挨刀"。虽然在这里不见刀光剑影，却自有人频频中招。在这些伤人不见血的"武器"中，最可怕的还是这枚"暗箭"。

你身边那些天天对你微笑的同事是否和善、友好？那你是否又自认为十分了解对方了？如果你太自信自己的判断，那么你可能正处于危险的境地中。可能到了被炒鱿鱼时，还不知道是谁在你的上司和老板面前打你的小报告。

　　一家金融机构的职员陈某道出了自己在职场中所遭遇的"暗箭"伤身事件。"对于我们做市场的人员来说，客户资源是最重要的，薪资待遇都与客户发展情况直接挂钩。我们的办公室是那种开放式的，来往电话声音稍大一些，就会被同事听得清清楚楚。原以为大家公平竞争，会相安无事，所以我毫无防范意识。直到有一天，当我费尽周折终于锁定了一个大客户，准备跟他签订合约之时，对方竟惊讶地问我，合约不是已经签署完毕了吗。我顿时警觉，马上意识到可能发生的问题，但为了维护公司的形象，我也只含糊应对，点头称是。我很快就查到了背后捣鬼的家伙，这一箭之仇让我痛心万分，绝不能哑巴吃黄连，便宜了他。虽然他对我处处提防，可功夫不负有心人，我很快就抢走了他好几个客户。"

　　他的这种做法虽然解了心中的怨恨，但是结果又如何呢？他说："本来以为报复了他，心里会很爽。可这'以牙还牙'之后，我居然患上了心理疾病。因为老担心他会在背后给捅刀子，我干什么都只能偷偷摸摸，给客户打电话只敢拿着手机到没人的地方偷着打，一听说客户要发传真，就守着传真机不敢走开。我这心里真是越来越窝得慌。"

　　一方面我们要做到"知己知彼，百战不殆"，但是另一方面却是"千防万防，小人难防"。遭遇了同事背后的"暗箭"后，我们究竟应当如何处理呢？职场专家给我们开出了四剂良方：

　　第一剂：调整心态，坦然面对

　　我们所处的职场也是一个浓缩的社会，成员总难免良莠不齐，形形色色的人都可能出现。作为一个成熟的职业人，不仅要做好与"好人"打交道的准备，更要学会如何与"恶人"和平共处。有时候我们是会看到一些阳光背后的东西，这些会对我们的心理带来很大的冲击，但我们既不能因此就一味的害怕退缩，也不能就此打破了和平的环境。"谣言止于智者"，"清者自清，廉者自廉"，苟且偷盗或投机取巧之人也只会得一时之利，终不会长久。在职场中要炼就一副金刚不坏之身，学会调整心态，坦然面对，或向家人倾诉，或进行自我放松，即时化解心中的郁闷。

第二剂：随机应变，迅速将问题化于无形

我们作为公司的一分子，自身的利益总是会与公司的发展休戚相关，在我们处理矛盾问题时，一定要有一种全局观念。

上面所提到的陈某在处理大客户被同事抢走的事件中，其实他开始做得还是很好的。当他与客户联络时突然发现问题，他立即采取了冷静对待，消除误会的策略，没在客户面前暴露公司内部的矛盾。不然，让我们预想一下后果，很可能是不仅抢不回客户，还会使公司名誉扫地，破坏双方的长期合作，并招致领导的批评和责难。所以，当我们不幸遭遇这样的暗枪暗箭时，切不可意气用事，而要随机应变，尽可能地迅速将问题化为无形。

第三剂：练就职场防身术

遇事总能逢凶化吉，逆境中也能平步青云的职场高手，往往都有一套巧妙的防身术。要想在激烈的竞争环境中发展壮大，首先要学会保护自己。"吃一堑，长一智"，当我们遇到这样的坎坷时，千万不要只认为这是上天不公，而自认倒霉，或许这正是帮助我们练就一身职场防身术的大好机会！但也要切记，决不可因为防卫过当而破坏了团队合作，更不能无端猜疑，而招致群起而攻之，孤立无援。

第四剂：以宽容与爱治愈人

我们每个工作日除了晚上睡觉，大部分时间都要在办公场所度过，谁都需要一个愉快平和的办公环境。所以即使你被别人伤害了，也不可剑拔弩张，睚眦必报，尤其是我们中国人最在意面子了，一旦撕破几乎就不再可能复原。这时候我们需要一种换位思考：即使是"恶人"也会有恻隐之心。当他们对你采用了某些不正当的手段时，常常也对你的反应做出预测。

如果你不但不像他们想象的那样暴跳如雷或以牙还牙，而是不仅宽容了他们的所作所为，还能以德报怨，用关爱来原谅他们的过错。职场上毕竟罪魁祸首是利益，真正的大奸大恶之人其实是极少的。宽容不仅是一种美德，还是一种智慧，以宽容与爱治愈人绝对是一剂灵丹妙药。

做人做事黄金箴言

常言道："明枪易躲，暗箭难防。"身在职场，要学会防范同事背后的"暗箭"，职场一直都是名利场、是非地，凡事要慎言慎行。

不要轻易得罪任何一个人

美凤原以为外企公司的人各个精明强干，谁知过关斩将，拿到门票进来一看，不过如此，前台秘书整天忙着搞时装秀，销售部的小单天天晚来早走，三个月了也没见他拿回一个单子，还有统计员月英，整个一个吃闲饭的，每天的工作只有一件：统计全厂203个员工的午餐成本。美凤惊叹，没想到进入了E时代，竟还有如此的闲云野鹤。

那天去行政部找阿玲领文具，小单陪着月英也来领，最后就剩了一个文件夹，美凤笑着抢过说先来先得。月英可不高兴了，她说你刚来哪有那么多的文件要放？美凤不服气，"你有，每天做一张报表就啥也不干了，你又有什么文件？"一听这话月英立即拉长了脸，阿玲连忙打圆场，从美凤怀里抢过文件夹递给了月英。美凤气哼哼地回到座位上，小单端着一杯茶悠闲地进来："怎么了MM？有什么不服气的，人家月英她小姨每年可是给咱们公司500万的生意呢。"说完，他打着呵欠走了。

下午，阿玲给美凤送来一个新的文件夹，一个劲儿向美凤道歉，她说她得罪不起月英，那是老总眼里的红人，也不敢得罪小单，因为他有广泛的社会关系，不少部门都得请他帮忙呢，况且人家每年都能拿回一两个政府大单。美凤说："那你就得罪我呗？"阿玲吓得连连摆手："不敢不敢，在这里我谁也得罪不起呀。"美凤听了，半天说不出话来。

老板不是傻瓜，绝不会平白无故地让人白领工资，那些看似游手好闲的平庸同事，说不定担当着救火队员的光荣任务，关键时刻，老板还需要他们往前冲呢。所以，千万别和他们过不去，实际上你也得罪不起。

一般人都认为，在公司里只要尽心尽力，取得业务实绩，赢得上司的赏识和老总的欢心，加薪提升就指日可待了。而对于那些一般行政人员，则没有给予应有的尊重和礼貌，认为得到他们的协助是理所应当的，所以平日就对他们指手画脚，急躁起来甚至会对他们颐指气使，拍桌瞪眼，把人际关系学的一套都抛到九霄云外去了。其实这是一个非常严重的认识误区。

事实上，有些办公室人员的职位虽然不高，权力也不怎么大，跟你也没有什么直接的工作关系，但是，他们所处的地位都非常重要，他们的影响无处不在。他们的资历比你高，办公室的风浪经历比你多，要在你身上找点毛病、失误，实在是易如反掌。

切勿以为财务部门只是做做财务报表、开开单据。在以数字化生存的时代里，财务部门的统计数据，决定着你的预算大小和业绩优劣。财务人员已经从传统的配角逐渐走入参与决策的权力核心，他们对各个部门业务的熟悉程度，简直会让你大吃一惊，而对金钱的斤斤计较也使得老板对他们言听计从。

进入公司要靠人事，求得生存也靠他们，加薪提升更要靠他们，因为他们无处不在。偶尔迟到、早退也许不算什么，但是只要他们想做，随时随地都可以揪你的小辫子，你的表现又会好到哪里去？敏锐的耳目老板最需要。

记住即使在办公室里放松片刻，背后还有一双发亮的眼睛在盯着你。除了行政和业务主管，秘书绝对是公司的一号人物。他们是老总的亲信、参谋……得罪了他们，简直性命攸关，只要他在老总面前随便说上几句，你的多年努力就会毁于一旦。他们是决定你事业成败的关键人物，他们的三言两语抵得上你的百般辛劳。

老板的亲信你更惹不得。他们可能是老总的旧日同窗好友，可能是童年伙伴、邻居，甚至可能是老总的太太，如果他们发起威来，经理主管们都唯恐避之不及，何况是你？大哥大姐无处不在，进入公司的第一件事，就是把他们认出来，保持距离是你的最佳选择。

千万不要轻易得罪公司的任何一个人，宁可自己吃亏，也不要逞一时之快，保持距离是你的最佳选择。

勿入异性沟通的禁区

对于某些人，男女之间的交往是讳莫如深的话题。与异性交往让他们感觉到不自在，或是对异性产生先天的"拒绝意识"，认为和异性交往越少越好，即便自己没有什么想法，但总是要避免瓜田李下的嫌疑为妙。

其实，随着社会的发展，人们的交际圈子越来越大，异性之间的交往已经变得不可避免，无论男性还是女性，他们都已经成为这个社会里非常重要的一分子。在很多时候，异性朋友带来的帮助甚至会大于同性朋友，这是由于性别不同造成的性别互补带来的。在一般情况下，女性心思缜密、情感细腻、思考事情周全，但过于谨小慎微；男性则表现出粗犷豪放、大开大合、遇事敢于勇往直前，但常会略显毛躁。当然，这只是最普通的区别罢了。

世界首富比尔·盖茨在创业之初也是很少得到女性青睐的目光，同时因为他的少言寡语，以及平日里繁忙的工作，这使得他每天一坐就是十几个小时，有时甚至饭都顾不得去吃，更别提抽出时间来洗澡和打扮自己了。甚至有的时候，从盖茨身边经过你经常可以闻到一股汗臭味儿。

这时，由于工作关系，安·温布莱德——一个长盖茨9岁的女人步入了他的视线之内。由于两人的专业相似，他们经常在一起谈论有关计算机和物理学方面的问题，有时甚至一个问题就能争论一个星期。在工作和生活当中，他们的这种友谊关系一直保持着。

直到1994年1月，盖茨与梅琳达完婚。在婚礼宴席之后，盖茨向梅琳达提出，他要继续与温布莱德保持友谊，并且每年还要抽出一个星期的时间与她待在一起。对于盖茨这项近乎无礼的要求，梅琳达居然同意了。其实，据盖茨身边的人讲，虽然盖茨每年都要和温布莱德在一起一段时间，但是两人在一起只是谈论一些有关计算机上面的技术问题罢了。

相信男女之间可以存在真挚友谊的人，心底是坦荡的，当他们聚在一起的时候，他们谈天说地，谈论任何话题，他们拒绝暧昧，甚至忘记了对方的性别，他们互相信任、互相谅解、互相支持，以合作伙伴的姿态出现在对方的面前。

一般说来，办公室总是两性的世界，既有男性，也有女性。办公室里异性的交往远远不会只是性别之间的问题，交往本身还会掺入一些工作利益的内容，这就使得这种关系不那么容易应付了。如果你把这种异性关系处理得过于随意，不仅会有碍个人的名声、影响同事间的关系，甚至会危及个人利益和家庭。

下面主要讲述男女同事在办公室交往中一些应注意的事项、原则，读过之后，相信你能在办公室的两性世界中应付自如。

1. 公私分明

对男性而言，在办公室里制造桃色新闻，尤其是对那些身居要职的男性来说是相当不明智的。这会严重影响到你在公司中的形象，让人觉得你是在擅用职权去占下属的便宜，因而会对你的品德产生影响。公司高层也是不愿意见到这样的情形出现在公司内部，以致不愿再对你委以重任。

即便面对一个女同事的主动约请，你也仍要经过慎重考虑。如果一个平日里互相不太熟悉的女同事突然发出这类的邀请，最大的可能性就是这里面肯定会有私人的目的，或者可能是为了她所在的小团体向你探取某些情报，或想同你搞好关系，作为她日后升迁的桥梁。在经过了这样的分析之后，如果你愿意赴约，那么不妨与之周旋一下，否则找个借口推掉也不为失礼。

对女性而言，现代职场女性，一般都不可避免要长时间和自己的男主管打交道。如果你的男主管的事业心比较重的话，那么你们在一起的时间又将会被无限地拉长。在如此之长的相处时间里，产生感情是再自然不过的事情了，正所谓日久生情。作为下属，如果你的顶头上司是未婚王老五，那当然是不错的选择。但如果他已有家室，他只是想乘工作的关系借机享受艳遇之福，那就需要在你们的工作过程中格外注意了。

除了你的上司、主管外，如果有公司的男同事想邀请你共度周末，你也要事先仔细地分析一下。譬如，你的这位男同事可能是对你有意，那么你就要自己掌握好分寸了。是否赴约，就看你对他的感觉如何了。还有，现在好多的青年男性为了凸显自己的所谓魅力，经常以追求某女士为赌注。所以，你应该留意此人平日对你的态度和他的口碑如何。如果你们平日并无来往，且此人又素有恶名，那么你就干脆地告诉他："我已经约了男朋友了。"

2. 男女有别

现代职业上，男女两性的差异正在被逐渐淡化，在众多的职位上女性已经能与男士们看齐了。但这种情形的出现并不意味着女性在公司众多的烦杂事务中，事事都要和男性一样。

现在很多公司的男职员，一般都喜欢在下班后相约去娱乐。如果身为单身女性的你也被邀请同行，你当如何处理此事呢？你必须要对你们之间的同事关系有一个清醒、理智的认识，除非你确知此人会尊重你俩之间的关系，否则还是拒绝这一类的邀请比较好。

如果发出邀请的人在公司中处于很高的职位，并且又很有权势的话，那么你就应当尽量避免和这样的人单独聚会。如果实在推脱不掉，最好还是叫上公司的一群人一起去。另外，在喝酒的时候还要注意不要猛喝一气。

3. 看清真假

很多人都说，在办公室这种地方"防人之心不可无"。即使偶有异性对你表示倾慕，那也不一定就代表着是一种喜爱，或许对方另有图谋！在办公室的无形斗争中，你必须要小心退避，千万卷入不得。

另外，有些办公室中的男人，平日正襟危坐，对女同事亦绅士风度十足，但一旦出差到了外地，可能又是另一副模样，希望借此"良"机，揩你一把油。作为女性，在公事中将会有许多时候要与异性同事一起进行的。于是，有些桃色问题是必须面对并且要谨慎处理的，以免让你的同事收到错误的信号而产生误会。

4. 与男上司保持距离

现在很多公司的男性主管虽然家中已有娇妻，但是仍然会利用自己手中的权利去追逐公司中的漂亮女同事。你在认清了你主管的这种面目之后，可在相处的过程中采取相应的措施来应对。

例如上司借故约你时，你可以说："好的，顺便也带上你漂亮的太太给我认识吧！"或者你干脆装傻，问他："你太太也一起来吧？"另外，你也可以多加留心获得你上司太太的手机号码，和她成为朋友，你就可以在迫不得已的场合中拉她做你的挡箭牌，让你的别有用心的上司不能得逞。

另外，在平日的相处过程中你也要注意树立自己不可侵犯的形象。如果上司想在语言上占你的便宜，比如他对你说"你是我见过的女行政人员中最漂亮的一位"之类的话，你可别乐昏了头脑，你应该学会拒绝他的这种别有用心的赞美。对于性骚扰也要敢于反抗，但你要善于区分什么是不怀好意的骚扰，什么是出自善意的关爱，以免局面弄僵。

总之，面对这样的难题一走了之只能是逃避，只能是消极的办法。如果你在公司里工作了多年，已有一定的职位，一下子全部放弃，那就太不值得了。

做人做事黄金箴言

异性交往既要大度又要谨慎，异性之间也可以存在真挚的友情，而并非只有爱情；处理异性关系也不要太随意，否则会有碍于个人的名声、影响同事间的关系，甚至会危机个人利益和家庭。

要想得人心就得先投资

吴起是战国时期著名的军事家，他在担任魏军统帅时，与士卒同甘共苦，深受下层士兵的拥戴。当然，吴起这样做的目的是要让士兵在战场上为他卖命，多打胜仗。他的战功大了，爵禄自然也就高了。正所谓"一将成名万骨枯"！

有一次，一个士兵身上长了个脓疮，作为一军统帅的吴起，竟然亲自用嘴为士兵吸吮脓血，全军上下无不感动，而这个士兵的母亲得知这个消息时却哭了。有人奇怪地问道："你的儿子不过是小小的兵卒，将军亲自为他吸脓疮，你为什么哭呢？你儿子能得到将军的厚爱，这是你家的福分哪！"这位母亲哭诉道："这哪里是爱我的儿子呀，分明是让我儿子为他卖命。想当初吴将军也曾为孩子的父亲吸脓血，结果打仗时，他父亲格外卖力，冲锋在前，最终战死沙场。现在他又这样对待我的儿子，看来这孩子也活不长了！"

难道吴起真的仅仅是钟情于士兵，视兵如子吗，自然不是，他这么做的唯一目的呈要让士兵在战场上为他卖命。作为上级，只有和下级搞好关系，赢得下级的拥戴，才能调动起下级的积极性，从而促使他们尽心尽力地工作。俗话说"将心比心"，你想要别人怎样对待自己，那么自己就要先那样对待别人，只有先付出爱和真情，才能收到一呼百应的效果。

有句话说得好，"得人心者，得天下；失人心者，失天下"。在职场，任何一个下属其实都渴望着自己的上司对自己好。人非草木，孰能无情。只要有爱兵如子的统帅，就会有尽心竭力的士兵效命疆场。作为上级，只有和下级搞好关系，赢得下级的拥戴，才能调动起下级的积极性，从而促使他们尽心尽力地工作。

中国有句话叫义薄云天，讲究情义是人性的一大弱点，中国人尤其如此。"生当陨首，死当结草"、"女为悦己者容，士为知己者死"，无一不是"感情效应"的结果。为官者大都深知其中的奥妙，不失时机地付出廉价的感情投资，对于拉拢和控制部下往往能收到异乎寻常的效果。

在现实生活中有许多身居高位的大人物，会记得只见过一两次面的下属的名字，在电梯上或门口遇见时，点头微笑之余，叫出下属的名字，会令下属受宠若惊。富有人情味的上司必能获得下属的衷心拥戴。有人说："世界上没有无缘无故的爱。"掌权者对部下的一切感情投资，都是这样的。

假如有人问：世界上什么投资回报率最高？你应该如何回答？日本麦当劳的社长藤田田所著畅销书中谈到，他将他的所有投资分类研究回报率，发现感情投资在所有投资中，花费最少，回报率最高。藤田田非常善于感情投资。他每年支付巨资给医院，作为保留病床的基金。当职工或家属生病、发生意外，可马上住院接受治疗。即使在星期天有了急病，也能马上送入指定的医院，避免多次转院因来不及施救而在途中丧命。有人曾问藤田田，假如他的员工几年不生病，那这笔钱岂不是白花了？藤田田回答："只要能让职工安心工作，对麦当劳来说就不吃亏。"

藤田田还有一项创举，就是把从业人员的生日定为个人的公休日。让每位职工在自己生日当天和家人一同庆祝。对麦当劳的从业人员来说，生日是自己的喜日，也是休息的日子。在生日当天，该名从业人员可以和自己的家人尽情欢度美好的一天，并养足了精神，第二天又精力充沛地投入到工作当中，心中充满了感激和工作的激情。藤田田的信条是：为职工多花一点钱进行感情投资，绝对值得。感情投资花费不多，但换来员工的积极性所产生的巨大创造力，是任何一项别的投资都无法比拟的。

帮助人是一种投资，你帮助了人，下次再去求人就比较容易了。因而，你若想改善与他人的关系，找机会去帮他一个忙。你的举手之劳就有可能换来别人的感恩戴德，这种投资千万不要错过。因为如果你帮助其他人获得了他们需要的事物，你也会因此而得到想要的事物；你帮助的人越多，你得到的也越多。

感情投资有一定技巧可循，掌握下面的方法你也能轻易地捕获人心。

1. 眼光放长远

帮助别人应坚持一个原则：不接受感谢物品，不赴感谢酒宴。如果你接受了礼物，赴人宴席，别人会认为你的帮助他已经给了回报，他欠你的人情，已经给了补偿，那你的帮助就变成只是为了一餐饭、一点礼物，岂不很不划算？因此，应学会放长线钓大鱼，那么别人就会因欠你的感情债而在许多方面给予你回报。

2. 同事生病，及时探望

同事生病时，亲自前去探望，这是融洽感情的绝好方法。平时你的工作也许异常繁忙，与同事接触的机会不多，但如果你的同事生病了，就一定要去探望，病中的1次探望，可以抵上平时的10次探望。每个住过院的人都记得生病时的感觉，躺在病榻上，倍感孤独与空虚。此时，特别需要别人的安慰与关怀，每当探望人数超过了同室病友的，我们都会产生一种自豪感，因为活在世上有这么多人关心。

这种感情培养不仅会带来事业上的成功，更会创造一种互助友爱的氛围，被尊重的人会得到巨大的满足，更会令他感动。

3. 表现出诚挚的关切

毋庸置疑，人最关注的就是自己，生活中的小事正在不断地印证这个道理。不论何人标榜自己多么大公无私。多么关注别人。他只要拿起一张集体照，就彻底暴露。因为他首先看的一定是自己。所以，只要在小事上对他体贴一下，将会看到他对你的友好。

4. 用你希望别人对待你的态度对待别人

人际关系是互动的。尽管每一个人都有与他人交往的欲望，但人的内心世界却又不断否定自己的想法，"我和他不认识"，"他不会拒绝我吧"……不必再犹豫，当你对待别人热情时，别人也将变得热情。这就是心理学中的皮革马利翁效应。只要你对某人表现出你内心深处的关切，有时你并不需要采取什么特殊的对待，你的言谈举止之间渗透的热情，就能影响别人。

一点点感情投资，就可以换回同事百倍的回报。所以，有时候需要的只是你放下身价，需要一点点计谋，主动走近别人，与同事打成一片。

做人做事黄金箴言

一点点感情投资，就可换回同事百倍的回报。所以有时候需要的只是放下身价，需要一点点计谋，主动走近别人，与同事打成一片。

传播流言=自断经脉

沟通是为了传递信息，这种传递是相互的。而那些让人讨厌的"小喇叭"——散布谣言者们，显然并没有认识到这一点，他们只是单方面传递了并不真实的信息，而致使双方无法建立正常的沟通和人际交往关系。

人和人之间的沟通，即使面对面谈话，也会出现双方对某个问题理解的偏差，更何况完全是从另外的人那里听来的，或者是自己只凭一点儿表面现象作的所谓的推断，事情本身的真实性就值得怀疑，而且还会在传递的过程中造成信息的缺失，使得听者接受的信息已经和事情的本来面目相差很大了。这就是散布谣言给人们带来伤害的原因。

所谓散布谣言，就是说别人的闲话，即"到处闲扯，传播一些无聊的，特别是涉及他人隐私的谎言"。换句话说，就是背后对他人品头论足。

一个人说另一个人的闲话，或多或少都有一定隐私目的，或者是为了发泄心中的不满，或者是为了满足他的某种阴暗、狭隘的心理。他们或透露一些别人的隐私，或影射一下别人的人格，不管是直接散布，还是委婉传播，不管是添油加醋，还是扬沙子、泼凉水，都是对人际关系的一种亵渎、一种践踏，不利于人与人之间的团结合作，更不利于彼此之间的和睦相处。

一些无聊空虚和无所事事的人，听到那些琐碎的、无关自己痛痒、又涉及别人隐私的话，就会一传再传，而且添油加醋，使整个事件严重起来。可见，谣言是一种非常可怕的东西，它就像瘟疫一样很容易扩散开来，给我们的生活和工作带来了极大的麻烦。

《战国策》上讲过这样一段故事：有一次，孔子的弟子曾参告别了老母，离开家乡，到费国去。不久，费国有个和曾参同姓同名的人杀了人。有人听到这个消息，也没有弄清情况，就去告诉曾子的母亲："听说你的儿子在费国杀死人了。"这时，曾参的母亲正在织布，听了这个消息，头也不抬地回答说："我的儿子是绝不会杀人的！"她照样安心地坐着织布。过了一会儿，又有人来说："曾参杀人了！"曾参的母亲仍不理睬，还是织她的布。过了不久又跑来一个人，同样地说："曾参杀人了！"听了第三个人的报告，曾参的母亲害怕了，立即丢下手中的梭子，急急忙忙地跳墙跑了。

古语说"众口铄金"，"三人成虎"。面对谣言的一次又一次的攻击，连曾母这样深明大义的人都相信它是事实了，更何况像我们一样的凡夫俗子呢！可见谣言的杀伤力。爱散布谣言的人，在其所处的社交圈中，是绝不会漏过一个人的，不管别人说什么、做什么，他都能自成一体地创造一些情节、事端。他可能让无辜的人恐慌，甚至陷入深深的苦恼中，相信每个人都对他深恶痛绝。

人际交往最基本的原则是相互尊重。如果连这一点都做不到，就像那些谣言传播者一样，在别人的眼中也就无异于跳梁小丑，根本得不到别人的平等对待，自然也就无法建立良好人际关系。所以，人际沟通中切记不要做让人讨厌的"小喇叭"。

贝蒂是一名才能颇佳、青春靓丽、为众人所认可的员工。因为她对工作的态度十分积极，公司一度考虑将她提升到管理层。然而，却有一个重大问题，她经常与他人议论各种消息，当然并非全部都是具有负面性的流言蜚语，但至少大部分是。

无论喜欢与否，你都可以确定她必然会四处散布"新闻"。她视自己为公司的新闻发言人，这已然成为她与人沟通的首选方式。看似无害的习惯却变成她职业生涯的祸端。

在公司看来，她喜欢四处传播流言的毛病对于公司隐私的威胁，远远超过了她个人的价值。他们感觉贝蒂并不值得信赖，如果晋升她的职位，新岗位上诸多敏感信息万一被泄露出去又该怎么办？最终，她的大嘴剥夺了自己的晋升机会，并被默默藏于岗位之上。

许多年以后，她仍然坚持不懈地创造着令人瞩目的业绩，早已具备晋升的各种技能与才干，但是直至被开除的那一天，她仍然待在原岗位上。她永远想不明白为什么自己总是与升迁擦肩而过，即使她的资历远高于他人。

在背地里议论别人的是非，绝对不是所谓的"交流"或"分享"，而是个坏习惯。相信每个人都玩过"传话游戏"，大家围坐一圈，一个人低声给旁边的人说一句话，一直重复直到传完一圈。最后的话往往已经不是最初的那句了。有时尽管你是在重复真理，但也会走了样。

如果我们不能为别人说好话，那就什么都别说。因为我们不再讲述消极的事情，所以我们就会更幸福。消极的想法导致消极的感受，消极的感受使幸福离我们更远。如果你因某人某事产生困扰，直接和他们交涉，没有理由去和其他人讨论，这不会带来任何正面的影响。你对别人埋怨，那个有问题的人却不知道原来还有问题存在，也就不能做出相应的调整。只有和问题中心人物交谈，而不是与别人闲话，你才能使自己和他人更幸福。

一旦我们开始谈论别人以及他们的缺点，所有伤害人的话语会轻而易举地从舌尖跳出来，我们甚至意识不到自己正说些什么。用莫须有的罪名来影射某人的品质，说这些的时候我们甚至眼都不眨一下。

有多少次谈话是以"我听说……"开头，以否定别人作为结尾。我们永远都不应该以此为谈话的开始，或者参与到类似的谈话中去，除非我们要赞扬某人。除此之外，如果散播谣言，我们会失去真正的朋友，唯一拥有的只能是其他散布谣言的人。他们是多么可怕的朋友啊，任何我们告诉他们的话，他们都会向别人复述！

当我们听到关于某人的吃惊消息时，抵制自己想转述的冲动吧。我们要发扬自我抵制的品质，尤其是在有人说闲话的场合。只有这样，我们才能避免负罪感，避免事后责备自己。

背后和同事的八卦不仅会伤害到他人，使自己变得孤立，更会成为公司领导所不能容忍的事情。人人都知道流言蜚语的危害，而且流言蜚语也会以各种形式出现于各个领域，无论其面目如何，它们对于你的职业生涯，均有害而无益。一般情况下，流言都会打着"言论自由"的幌子，因此上司不会告诉你它们的危害何其严重，但是公司每天都会秘密报复那些"妖言惑众"的人。

如果有一天你因类似问题出现在被驱逐名单之上，那么你完全不可能获悉自己被瞄上的真实原因，直至某天他们简单地将你抹去。

1. 流言蜚语会令你看上去不值得信赖

当你散播有关同事、老板及公司的流言时，也许自己只是感觉好玩而已，但是事实上，你已经为自己制造了一种"不值得信赖"的形象危机，而且这种危机会伴随你在公司的每一天。如果你的主管或上司在休息室中看到你在八卦，他们立刻会认为你是在他人背后飞短流长，随即便会感觉，在他人向前你亦是如此议论他们的，这乃是人之常情。

主管们清楚哪些人会八卦，而哪些人不会。流言不但会使你看上去不值得信赖，信息本身最终也会传入当事人耳中，八卦对象由此便会获悉流言出处。

2. 流言蜚语会使你地位不保

流言会令自己受到被中伤者的攻击。它会使你变得极为脆弱，因为其他人会将你道听途说的话语再次进行传播，最后所有人都会认为该话源出于你，即使你并非是始作俑者。倘若该信息具有一定危害性，且管理层亦是如此认为，那么你将彻底完蛋。

流言蜚语会传遍公司的每一个角落。当这些话语传到当事人耳中时，他自然而然希望获悉此话从何而来，一旦你的名字上了对方的黑名单，你就等于为自己树立了一个秘密敌人。嘴巴不严，会将巡洋舰击沉。无论你乱言何事，要知道公司对于嘴巴不严的人不会存在丝毫好感。

公司中不会有人告诉你，因为你喜欢飞短流长，会为自己惹来麻烦。他们之所以如此，是因为你必然会以"言论自由"对其大加讨伐。但是他们掌控着你的命脉，你可以自由选择，他们亦可以凭借自身喜好进行决断；如果你触犯禁忌，他们便会秘密地剑指你七寸之处。

如何保护自己呢？

倘若你认为自己已经被盯住，或者受到"爱谈闲言"怀疑，那么你需要立即去做两件事。

1. 远离那些爱传播流言的人

不要让公司或上司看到你与他们混在一起，即使你并未插言只是在倾听而已。因为即便如此，上司亦会觉得你赞同他们的行为，而且会认为你并不值得信赖。

2. 流言止于智者

任何流言蜚语传到你的耳中，都不要让它再继续存在。应该这样对其人说"哦，我不希望听到任何人再对我讲类似话语"或"我认为你说的那个人一定不希望此事为人所知"。无论你说什么，一定要将自己从流言传播的恶性循环中排除。如果有必要，走出那间屋子。不要惧怕被视作异类或墨守成规的人，你大可"酷"一下。听听最新闲话？还是成为值得信赖的对象，继而受到提拔？两者之间你会如何加以选择呢？

做人做事黄金箴言

谣言是一种非常可怕的东西，它就像瘟疫一样很容易扩散开来，给我们的生活和工作带来了极大地麻烦。不要相信从别人嘴里传达出的另一个人的信息，与人沟通也不要四处散播毫无根据的话，否则就是散播谣言。

办公室里态度要谦和

谦和是一个人持续成功的保障！

人和人是平等的，没有说谁比谁尊贵。更不能妄图别人什么事情都要别人听自己的，沟通中的双方也是如此。许多人为了显示自己的口才，或者想达到说服别人的目的，乐意采取尖酸刻薄的态度，凭借自己的优势以咄咄逼人的气势来压倒别人。但是结果却常常事与愿违，别人非但没有同意，还引起了强烈的负面反应。卡耐基对此说："你可能赢了辩论，可是你却输了人缘。"

一辆满载乘客的公共汽车上，一个年轻的小伙子不小心踩到了一位老大爷的脚。老大爷脾气不好，张口就说："你说你这么大一小伙子，欺负我这么大岁数的人干吗？"

小伙子原本想对自己的行为道歉的，可是老大爷的话实在让他反感，愧疚心理马上消失得无影无踪。他按捺了半天说："踩了就踩了，可我什么时候欺负你了啊？"

老大爷更加不高兴了，"得得得，现在的年轻人都不学好。我看你那样儿，从监狱里刚放出来的吧？"这下小伙子可火了："你这人怎么说话呢？"边说边要往前冲，车里的人左劝右劝，好不容易才让他俩消了气儿。

生活中这种因为鸡毛蒜皮的小事而引发的大问题不在少数，故事中的老大爷很明显的就属于典型的"得理不饶人"。本来只是小事一桩，可是为这么一点小事斤斤计较，让自己显得很刻薄，很强势，不但形象大打折扣，还害得双方心里都不痛快，何苦呢？

在我们身边还有一种人就是以自己的权威来压倒别人，但是这种沟通效果又如何呢？

迈克是一个科研项目的主要负责人，吉姆是他的助手。他们因为对一个实验的结果有不同的看法而起了争执。吉姆说这次实验的意义非常重大，所以有必要再精确地做一次，以防万一。而迈克则说这种实验既耗时又费力，而且现在离交付给客户的时限已经不远了，没有必要再做了。

吉姆对迈克的这种工作态度很不满意，说："我们自己辛苦点没有关系，但要对客户负责。"脾气暴躁的迈克一听到这些话就有些火了，大声叫喊道："你说我不负责？我哪一次没有对客户负责了？我是这个项目的负责人，如果出现了不好的后果，我一个人承担责任，不会连累你的！"

吉姆看着迈克铁青的脸，几次想再争辩几句，但最终还是没说，转身走了。

有一句话说："人只有敬服的，没有打服和骂服的。"希望依仗强势来压服对方，即使表面上对方服输了，但是这也只是暂时的，他们的内心肯定不服气。毕竟，人人都有自尊，当自尊心被刺伤后，留给心灵的是伤痕，传给情绪的是仇恨，而理智则早已不复存在。其实，每个人都知道，唯有靠对方内心的认可才有可能，但是如何说服对方的心的方法却并不是每个人都知道的。

交流最基本的就是要尊重对方，懂得对方的心思，不要动不动就拿出自己的那一套来指导别人。也不要把自己看的高人一等，动不动就教训别人，显示自己的聪明。最起码要把彼此都放在同一个水平上，这样才能保证交流的顺畅。要知道温和友善总要比愤怒粗暴更强有力，更能很好地解决问题，著名的演说家史德伯对此深有体会。

有一段时间，史德伯的生活很拮据，因此，他希望自己的房租能够减低。但他知道房东是一个非常难缠的人，虽然如此，他还是想尝试一下。于是就写了一封信给他，信上说："我现在通知你，合约期已满，我立刻就要搬出去。事实上，我不想搬走，如果租金能减少，我愿意继续住下去。但看来并不可能，因为其他房客把各种方法都试过了，包括警告甚至恫吓。大家都对我说，房东很难打交道。但是，我对自己说，现在我正在学习为人处世这一课，也不妨试试，看看是否有效。"

史德伯的房东一接到信，就同秘书找到了他。史德伯站在门口欢迎房东的到来，充满了善意和热忱。交谈的开始，史德伯并没有谈房租太高，而是强调自己是多么地喜欢他的房子。史德伯称赞房东管理有道，并表示自己很愿再住一年，可是却实在负担不起昂贵的房租。

"他显然是从未见过一个房客对他如此热情，他简直不知道该怎么办才好。"接下来，房东开始诉苦，抱怨房客，说其中的一位给他写过14封信，内容太侮辱他了。另一位房客则威胁如果不能制止楼上那位房客打鼾的话就要退租。"有你这种满意的房客，多令人轻松啊！"房东对史德伯称赞道。

当然，沟通的成果是令人满意的。在史德伯没有提出要求之前，房东就主动要减收一些租金。"但这还是一个比较高的数字。"史德伯说出了自己能负担的数字，而房东什么都没有说就同意了。当他离开时还转身问道："有没有什么要为你装修的地方？"

这就是友善沟通的力量，比那些强势的方法有效地多。如果史德伯按照其他房客的方式要求减租的话，一定会碰到同样的阻碍。

做人做事黄金箴言

谦和是一个人持续成功的保障！

不要成为传闻主角

汤姆刚刚处理了管理方面最为棘手的一个问题——他开除了一名手下。几小时后，该职员坐到了汤姆上司的办公室中，她填写了一份投诉性骚扰的文件，声称她之所以被解雇是因为拒绝了汤姆的性侵犯行为。这是一个极为严重的指控，虽然并不真实。其实汤姆并没有对该员工做出这种举动，但是他一向以公开与办公室的漂亮女同事打情骂俏而著称，他为自己作的辩护又有谁会相信呢。

克洛伊获得了一个众人艳羡的升职提名，流言逐渐开始蔓延，声言他服用违禁药品。随后，他开始追查流言的来源，发现传播者不是别人正是自己的对手。他并不服用毒品，仅仅是在几年前，为了缓解压力，曾在一名同事的暖房晚会上，接受过一次适量注射。他不希望自己在同事的朋党面前显得过分生疏。虽然，那次偶然事件并不是为他设下的陷阱，但是流言却传播得越来越广，谁又知道会不会因此毁掉他的升迁计划！

绝大多数员工认为只要流言并不真实，传播流言者就未曾伤到他们，事实上并非如此。且不管是出于暗中破坏还是背后中伤的目的，暂不论他们的话是真是假，问题的关键是你的公司是否相信这些。

所有能起到破坏作用的流言，均会在公司少数决策者心目中针对某一人植下质疑的种子。一个善于搬弄是非的人可以利用一项极微小的谣言，轻易摧毁你的一切。许多职员认为，在公司中位置越高的人，越会受到保护。事实恰恰相反，你的地位愈高，曝光面就越广，越易成为卑鄙小人的攻击目标。

竞争是极为残酷的，人们感到那些小人所使用的秘密手段匪夷所思。不幸的是，几乎没有几人会在知晓事实后帮助你消除影响，而自己去辩解只会令事情越抹越黑，令谎言变得看似真实，致使自己更加被动。而且，任何形式的报复也只会导致自身状况更为糟糕，同时又等于是在为小人通风报信，告诉对方他们的流言起效用了。

人们大多会根据你的反应判断流言真假。如果你能够勇敢地抬起头，对荒诞的流言置之不理，大部分人则会认定你是无辜的，但是这仍然无法彻底解决问题。唯一保证自己不受流言伤害的方法就是确保无人相信它。人们是否会相信流言，则取决于他们对你的一贯看法，也就是你的名声。名声其实不过是大多数人对于你的行为举动以及职业态度所作出的一系列评价。

绝大多数人并没有意识到自己的名声需要精心维护、精心栽培。诸多人对待名声的态度只是顺其自然，名声不仅需要你积极维护，并且在关键时刻它亦能成为你职位的保护神。

没有好名声的支持，一旦危机爆发，你便会遭遇指控、质疑甚至是正式调查（即使最后证实你是无辜的，但是这将彻底毁掉你的履历）。该过程只要开始，就没有任何办法可以防止它对你的事业产生负面影响。但是，如若你好名在外，结果则会大不相同。你的上司会悄悄将你叫到办公室中，告知你他新听闻的几个荒诞流言，然后彼此相视一笑，两者差别又是何等之大。

积极维护自身名誉的益处不仅仅是在关键时刻为自己提供保护，要知道上司非常乐于提拔那些名声一贯很好，且能够严肃维护自身名声的人，这是他们提拔员工的必备条件。作为雇主，他们都极欣赏恒久的、强烈的价值体现，他们希望不论在何时何地，处于何种情况下，自己的员工都能保持一致性。这部分人才足以为高层所信赖，并委以重任。他们亦知道，只有这样的人才不会被职场中的卑鄙、嫉妒、颠覆、破坏、阴谋所击倒。

做人做事黄金箴言

不要成为传闻的主角，要积极维护自己的名声，因为良好的名声不仅能够让你得到高层的信赖，委以重任，而且在关键时刻能够为自己提供保护。

说"不"也是一种能力

大家都有这样的感觉，对一个人说"是"很容易，说"不"却很难，但是这个"不"字却很重要，不会拒绝他人的人，是很难有所成就的，甚至有可能掉进他人精心设计的陷阱。我们可以查阅一下古今中外历史上落马的那些贪官污吏，很多人都经历过面对诱惑不肯说"不"的时候。虽然他们知道：某些事情明明不应该说"是"，不能够说"是"，但是他们就是不愿意说个"不"字，结果导致身败名裂。

2008年网络上热传的最牛贪官语录中，名列第一的就是原中铁信息工程集团有限公司审计部部长李昌波的话，他说他收钱不是受贿，而是"我这人脸皮薄，人家一再坚持给，我就不好意思推辞"。他也许在为自己的贪欲托词，不过，如果他当初能够坚持说"不"字，也许就不会落到今天这个下场。

小江是个非常勤奋的小伙子，头脑活络，热情助人，刚进入公司的时候，他就下定决心要从最基层做起，要成为所有人的好朋友。所以公司里的事情，属于自己分内的，他努力去干，不属于自己分内的，只要有人喊他帮忙，他也努力去干，渐渐地，他在同事之间赢得了一个"热心肠"的称号。

小江感到非常满意，可是过了一段时间以后，他才发现：有些事情，同事原本自己可以做，但他们也要喊小江去帮忙，有些人的态度很随便，似乎指派小江是件理所应当的事，帮过忙后，连个谢字也懒得说，仿佛让小江帮忙是给了小江莫大的面子。更有甚者，把手头的工作交给小江，自己去干私活。

小江虽然心里不高兴，但又不好意思拒绝，结果被弄得焦头烂额，整天忙得脚不沾地，自己的工作还常出纰漏。小江感到很困惑：自己热心助人也错了吗？他想拒绝别人，又怕影响到别人与自己的关系。

在上面的例子中，小江热心助人并没有错，错在了他的来者不拒。在生活中，帮助别人很重要，但是帮助别人必须建立在把自己工作做好的基础上，你自己的工作还一团糟糊，你又有什么资格去帮助别人呢？就算你自己的工作已经做得足够好了，面对别人对你提出的要求，你也应该权衡一下利弊，是否应该伸出援手，应该帮忙的，立即动手，不应该帮忙的，要婉言谢绝。

社会纷繁复杂，我们在生活中，总会遇到自己不想做、不愿做、不该做的事，面对对方的请求，我们必须要保持清醒的头脑，对形势进行严密的分析，千万不可碍于面子去做违心的事。如果对方的请求是违背社会公德的，或者是违法犯罪的，我们应该义正词严地给予拒绝，不给他们留下任何通融的余地。不过，对于对方提出的并不违反社会公德和法律法规的要求，在拒绝的时候，我们要讲究一点艺术，让对方理解你的苦衷，从而认同你的理由，不至于因为拒绝伤了和气，断了交往。

1. 先倾听，再说"不"

当同事对你说出自己的请求时，我们先不着急说出"不"，而应当先认真倾听对方的情况。在同事向你提出请求时，他们心中通常也会有不同程度的不好意思，担心你拒绝，担心给你带来麻烦。因此，在你决定拒绝之前，要注意倾听，请对方把处境与需要，讲得更清楚一些，自己才知道如何帮他。然后，应该对他的难处表示理解。

另外，倾听能让对方先有被尊重、被接纳的感觉，在你婉转地表明自己拒绝的立场时，也比较能避免伤害他。如果你的拒绝是因为工作负荷过重，倾听可以让你清楚地界定对方的要求是不是你分内的工作，而且是否包含在自己目前重点工作范围内。或许你仔细听了他的情况后，会发现帮助他还有助于提升自己的工作能力。你可以在不影响自己的本职工作前提下，协助同事完成任务，如此，你在收获工作能力与经验的同时，又能赢得同事的友谊。

即使你帮不了他，但是倾听完他的情况之后，作为非当事人，可能会对他的困境看得更清楚，你可以针对他的情况，给他提出比较好的建议。这样，即使你不亲自去帮助对方，对方一样会感激你。

2. 委婉说出"不"

当你倾听之后，认为自己应该拒绝的时候，说"不"的态度必须温和而坚定。即使是炮弹，也应当裹上糖衣。即要委婉拒绝，不要严词拒绝，因为温和的响应总是比情绪化的过度反应要好。

情绪是具有感染性的，严词拒绝会引发他人强烈的负面感受，所以，当你必须要拒绝他人时，就不要再以不友善的言行，在情绪上火上加油。例如，当对方的要求不合公司规定时，你就要委婉地向他解释自己的工作权限，表示自己没有权力去做这件事，这违反了公司规定。在自己工作安排已经很满的情况下，要让他清楚自己目前的状况，并暗示他如果帮他这个忙，会耽误自己正在进行的工作。一般来说，同事听你这么说，一定会知难而退，再想其他办法，而不会对你产生其他想法。

3. 学会旁敲侧击

拒绝对方时，我们要学会旁敲侧击，让对方明白你的意思和感受，不至于你说你的，他说他的，喋喋不休，最后还是说不清楚。这方面，我们可以看一看国画大师张大千是怎么处理的。

张大千留有一把长胡子，在一次吃饭时，一位朋友以他的长胡子为理由，连连不断地开玩笑，甚至消遣他。可是，张大千却不烦恼，不慌不忙地说："我也奉献给诸位一个有关胡子的故事。刘备在关羽、张飞两弟亡故后，特意兴师伐吴为弟报仇。关羽之子关兴与张飞之子张苞复仇心切，争做先锋。为公平起见，刘备说：'你们分别讲述父亲的战功，谁讲得多，谁就当先锋。'张苞抢先发话：'先父喝断长板桥，夜战马超，智取瓦口，义释严颜。'关兴口吃，但也不甘落后，说：'先父须长数尺，献帝当面称为美髯公，所以先锋一职理当归我。'这时，关公立于云端，听完禁不住大骂道：'不肖子，为父当年斩颜良，诛文丑，过五关，斩六将，单刀赴会，这些光荣的战绩都不讲，光讲你老子的一口胡子又有何用？'"

听完张大千讲的这个故事，众人哑口，再也不扯胡子的事了。在酒席宴上，开始朋友以张大千的胡子开玩笑，甚至开得有些过头，张大千想制止对方，可是如果轻描淡写地说的话，恐怕对方会不以为然，声色俱厉呢，又会伤了朋友之间的和气。张大千这么一说，明白地告诉对方，你们拿我的胡子开玩笑，我已经忍了很长时间了，再这么着，我可就不高兴了。大家自然知趣，不再提这个话题了。

4. 以照顾对方的利益为理由

在表示拒绝的时候，要从对方利益出发来说明自己爱莫能助的理由。从对方的利益考虑，以对方的切身利益为借口，往往更容易说服对方。比如，同事要求你在一个不合理的期限内完成工作，与其说明你如何不可能办到，不如让对方相信这种仓促行事的做法对他而言并没有好处。这样的话，同事不仅不会怀疑你的意图，还会对你产生感激。

5. 事后表示关心

在拒绝之后，对他的情况表示关心，最好能够提出一些建议。有时候拒绝是一个漫长的过程，对方会不定时提出同样的要求。若能化被动为主动地关怀对方，并让对方了解自己的苦衷与立场，可以减少拒绝的尴尬与影响。

拒绝对方时，我们还要注意自己的态度。虽然拒绝不是一件让人快乐的事，但至少你应该有平和的心态，不要带着无所谓的表情，不要带着幸灾乐祸的表情，不要带着怒火中烧的表情……

总之，一切包含着贬义色彩的表情都不要带出来，我们要带着真诚的表情，耐心地告诉对方，自己为什么不能帮助他，让他在遭到拒绝时，至少还能收获一份你的真诚。

拒绝是一门艺术，拒绝的最高境界是让你和对方都不至于陷入尴尬境地，只要运用好这门艺术，拒绝就不会把你的朋友推向你的对立面，反而会使你赢得更多的尊重，更多的朋友。

> **做人做事黄金箴言**
>
> 拒绝是一种能力，也是一门艺术。对于自己不想做、不愿做、不该做的事要学会说"不"，拒绝的最高境界是让你和对方都不至于陷入尴尬境地。

背后议论他人，等于铤而走险

小史是一家文化传播公司很有才气的策划，由于自恃清高，他总是对老板的创意不屑一顾，认为老板的水平很差，所以经常在老板背后跟同事们忍不住流露出对老板创意的不屑。消息很快就被同事传到老板的耳中，于是老板主动找他谈话，诚恳地让小史说出对自己的创意有没有意见，对公司的业务有什么建议，小史却支支吾吾没有谈出什么内容。

这位心胸还比较宽广的老板认为小史简直就是一个两面三刀的人，当面不说，却在背地说。老板对小史的道德人品产生了怀疑，后来开始冷落小史，重要的策划方案从此再也没有交给小史来做，不久，小史离开了公司。

小史遭遇的职场问题正是某些职场中人每天都在犯的错误。很多职场人有个通病，就是在公司午餐或者闲暇时，喜欢"交心"地议论上司的是非，一个不小心，这些议论也许会成为别人邀功的机会，又或许，被某人听了去，传到上司耳中，以后让上司怎么看你？所谓"祸从口出"，不是没道理。

背地跟同事议论上司很容易让上司认为你是个两面三刀的两面派，人品不好。在工作过程中，因每个人考虑问题的角度和处理的方式难免有差异，对上司所作出的一些决定有看法，在心里有意见，甚至变为满腔的牢骚，有时也是难免的，但就是不能到处宣泄，否则经过几个人的传话，即使你说的是事实也会变调变味，待上司听到了，便成了让他生气难堪的话了，难免会对你产生不好的看法。

"有时我们的认识是错误的，你认为他不如你行，只是你不了解他哪方面行而已。同事之间的相处要把握分寸，即使关系很铁，相互勉励和促进是没问题的，如果只是宣泄和发牢骚，就太不明智了。"一位HR经理如是说。

听到同事在议论领导时，首先应以善意的态度劝告他们不要背后议论领导者，不要扩大议论的范围，更不要以讹传讹，有意或无意地贬低领导或损害领导的形象；其次应尽量回避对领导的议论，不得已作评价或说明时，也只宜点到为止，不要主动挑起话题，更不要添油加醋，以免引起不必要的猜测和误解。在这个问题上，自己要有主见，要有一种不怕同事嘲弄、不怕孤立的精神。那种以为同事在议论领导时只有随大流参与其中，才能与同事搞好关系的认识是大错特错的。

防人之心不可无，说话必须看对象。有的人本身就是领导者的"红人"，他们与领导者不分彼此，你在他面前非议领导，岂不是自投罗网。有的人自私自利，专门搜集同事对领导者的不满，然后在领导者面前请功邀赏，以达到个人的目的。对付这种人的办法唯有装聋作哑，不让他抓住小辫子。总之，不论你是有意还是无意，在同事间随便议论领导者最容易惹是生非，所以还是不随便议论为上策。

Emily是办公室副主任，Chen初到公司时Emily热情地接待了她，帮她填表格，带她到各个部门参观，告诉她办公室里每个人的背景、特征。很自然地，Chen把Emily当成是一个值得信赖的朋友。

在Chen的办公室里，只有5个人，居然分成了4派：坐在Chen对面的两个男人，据说一个是董事长的人，一个是总经理的人。这两人谁都不是"省油的灯"。部门主管对这两个人表面上毕恭毕敬，暗地里处处提防，每当这时，Chen就成了一粒香果子，两边的人都往她这儿凑，或是发泄心中的不快，或是有意要她出面调停。可一旦人家联起手来，Chen多半还是凶多吉少。

这种情况下，Chen很自然地把心中的烦恼向Emily倾诉，办公室的茶水间成了她们的苦情商谈室。直到有一天，Chen的主管找她谈话，他警告Chen：如果对工作有什么意见，应该直接反映给他，不要在外面说三道四，再这么下去，破坏了团队精神，就请另谋高就。

上司的话让Chen哑口无言，因为她确实说过"我的上司与同事间的明争暗斗无聊又幼稚，一点职业精神都没有"之类的话。但是这些话是怎么传到上司的耳朵里的呢？

三个月后的一天，Chen无意间路过上司的办公室，"Emily，你说Chen说我苛刻？这个小孩真不知天高地厚……"当时Chen血液几乎凝固了，竟然是Emily，愤怒让她忍不住想去质问这个"叛徒"，可是她很快就冷静下来。

"是我太轻信人言了，Emily能在第一次见我时跟我讲别人的是非，她也会背着我，去讲我的是非。"Chen这才真正地意识到自己的幼稚和可笑，她只能怪自己有眼无珠，不能怪任何人。接下来，Chen也只有装做什么都不知道，对Emily敬而远之。

不久，Emily升职了，成为办公室的主任。虽然Chen和她现在已经无话可谈了，但Chen的工作总会与办公室有交集，每天面对这个"叛徒"的滋味真难受。Chen开始怀疑自己的生活观，难道这是一个"告密者生存"的职场吗？在这种工作环境里哪还有安全感可谈？

大多数人很渴望在工作之余有另外的空间，但同事之间永远都是和利益关系牵扯在一起的，这就注定没有纯粹的友情。因此，最好与同事保持一定的距离，当然与同事保持一定的距离。

有人说，不要把办公室当心理诊所，不要有意或无意探究同事的"生活"。这种提法当然是出于让读者保持良好的人际关系的初衷。因为工作方面有丝丝缕缕的瓜葛，办公室里的人必须是理性的。这种理性对你对别人都有好处。因为友谊是纯洁的，不带任何杂质。而办公室里同事之间或多或少总有一些剪不断理还乱的东西。不要奢望办公室里会有纯粹的友情，否则可能连普通同事都做不成。

如果你需要情感支持的话，可以向外发展，向旧时同学、好友寻求安慰，并培养出属于自己的一套生活方式。明智的人知道自己的弱点，当你掌握一套对自己和环境中的人和事作出正确判断的方法时，你就可以做到大智若愚了。

做人做事黄金箴言

无论你是有意还是无意，在同事间随便议论领导者最容易惹是生非，所以还是不随便议论为上策。

第八章
避开职场的雷区

职场中不仅存在着明操作，背后还存在很多你所看不到的潜规则。你不知道自己什么时候就不慎踩到了这些隐藏的"地雷"，甚至在尚未弄清楚自己这样做的后果时就无奈地失去了工作。

如今职场中，成功者并不是那些技术娴熟、才华横溢或者经验丰富的人，而是能够在变幻无常的职场中游刃有余、处乱不惊的高手。他们知道危险何时来临，知道陷阱如何躲避，他们往往升迁的更为迅速、更为省力。想知道他们所知道的秘密吗？那么，阅读下去，你也可以学会。

安于本职工作

很多人刚进入职场的时候，往往是满腔豪情壮志，一肚子新点子，在工作中也爱事事跑在前面，以图给单位的领导和同事留下一个好印象，这样做虽然可以理解，但并不一定聪明，因为你在指点江山的时候，很可能没有注意这样一个问题——你越位了。

职场上的越位和足球场的越位虽然含义不同，但造成越位的原因却是相同的，就是你太急于求成了。如果你在冲锋前能够睿智地观察一下形势的话，你可能就会一脚定乾坤，反之，你一脚也可能踢掉摆在眼前的机会。

苏芮有一首歌叫《一样的月光》，中间唱道："谁能告诉我，谁能告诉我，是我们改变了世界，还是世界改变了我和你？"其实，要想改变世界，前提是你先融入这个世界，在职场上也是一样。如果你在职场上都还没站稳脚，就锋芒毕露，给自己树敌太多，会影响到你的前程和事业。

小王是某大学中文系的博士毕业生。大学毕业之前，他成功地应聘到了一家文学网站担任主管编辑，待遇比预期的要高，工作强度却比想象的要低。做了几个星期以后，小王觉得这家网站在运营上存在诸多问题，比如主办比赛活动管理员帮助熟悉的选手刷票，比如已经公示的活动计划随意更改等，这给网站的运营带来了一定的负面影响。

本着对网站负责的态度，小王利用业余时间写了整整2万字的网站整改方案，上交给了自己的上司。结果呢？上司只是微笑着对他说：这些方案他刚上任的时候就写过，只不过没有上交而已，现在自己一直在努力改正这些问题，并且取得了一定的效果，希望小王不要着急，先把手头负责的工作做好。网站的问题，等他彻底了解业内行情以后再说。

小王感到很生气，明明是上司无能，却还不肯认错，一气之下，他找到了网站的老总，把自己的意见报告给他。老总拿到意见，让他回去等消息。

几天之后，小王等来了消息，不过不是提拔他的任命书，而是提前和他解约的一纸决定。原来，小王的积极态度和意气用事，激怒了网站里的老员工们，他们认为小王的建议书实际上在批评他们在其位不谋其政，况且小王有些建议也显得过于幼稚，在不了解具体情况的前提下信口开河，给不少人造成了一定的伤害。

网站老总不无遗憾地对小王说："其实我比较欣赏你，你只要做好你的本职工作就可以了，但你现在在公司里已经树敌过多，我再重用你的话，公司就要面临四分五裂的危险。如果你不这样着急，先把自己的人脉培养起来，等到我提拔你到一定的职位的时候再拿出这篇意见书的话，最后的结果可能就大不一样了。不过，我愿意为辞退你付出违约金，并可以用重金买下你这份意见书，但是，公司是再不能留你在这里发展了。"

小王的被炒实在令人惋惜，由于他太早地显露了自己的锋芒，导致了自己的理想还没实现就夭折了。对于新入职的人来说，首先要做好的就是守好自己的"摊"，即便你的能力超群，也未必敢说自己的工作已经完美无缺了，我们可以给自己制定指标之上的指标，寻找客户之外的客户，甚至可以在工作之余修身养性，提高个人的整体素质。这样比转悠到别人的地盘上折腾要好得多。倘若你越位去做别人该做的事，你做得比别人好，别人会嫉妒你；你做得不如人家好，人家会嘲笑你。这种费力不讨好的活，还是不做为妙。

当然，如果是你的同事请求你帮忙，那就另当别论了，因为这是人家邀请你进入他的地盘，而且给你制定了你帮忙的范围，只要你能做好且不越位，你是可以得到同事的赞许和感谢的。

有句很戏谑的话，叫做"走别人的路，让别人无路可走"，越位其实就是在让别人无路可走，当你让别人感到无路可走的时候，别人也会让你卷铺盖走人了。

要在职场上避免越位，必须记住以下几个原则：

1. 做事不要嫌小，一定认真做好

新人刚到单位，领导和同事是不会立即把特别重要的担子交给你的，你必须要经历一个磨砺的过程，这个过程中，你所要做的，可能只是一些芝麻绿豆的小事，你不要因为这是小事就忽视它，而应该认真做好它，只要踏踏实实地做好小事，就能获得领导的信任，从而争取到做大事的机会。如果你每天都在哀叹自己是高射炮打蚊子——大材小用的话，那你手头的小事也会出差错，那样谁还敢用你？

2. 热情应该有度，戒除浮躁心理

刚进入新单位的你，对工作充满了热情，一切都那么新鲜，这时要给自己泼一泼冷水，让自己过于兴奋的头脑冷静下来。到了一个新单位，先要学会看，看清自己的工作职责，看清老总、同事的好恶，看清纷繁的人际关系，然后再去决定应该怎样做才能左右逢源。要尊重你见到的每一个人，要完成自己应该完成的各项工作，做事之前学会请示，听明白领导的意思，做事过程中要多向同事请教，领会工作的窍门，事情完成后，要记得向帮助过你的人表示感谢，这样一来，你在单位的人脉就巩固多了。有的新职工心浮气躁，一心要创造"丰功伟绩"，结果却是欲速则不达。

3. 禁止传播或者听信是非

如果你传播是非，说明你自己有所企图。是非的传播者无非是想挑起别人矛盾，然后"鹬蚌相争，渔翁得利"。但是，一旦事实真相大白，传播是非的人肯定没有好下场。——想想那时候的尴尬和窘迫，千万别当个"麻烦制造者"。如果有人向你转述第三者对你的不满，千万不要气上心头，做出言语上的反击。否则这种做法就恰好中了散播是非者的下怀，他可以拿着你在气愤时说出的话，向某人再度转述。于是，你就陷入了一场莫名其妙的斗争中。这两种情况一旦有一种发生，受害的都是自己。记着，对闲话永远要保持警惕和冷静，因为闲话生是非。

4. 不要比上司还聪明

职场是个讲究资历的地方。老板就比下属的资历要高，所以，不论衣

着还是能力都不要显得比上司还出色，尽管可能你真的很优秀。设想一下，如果你的老板和穿着比自己还光鲜的下属一起与陌生人会面，说不定，对方会把下属当成老板，老板当成了随员。和上司抢风头，必定会使老板心怀不满，甚至在心里把该下属打入"死囚"的行列了。

5. 说话不要太多

在职场上，不管你是否真的有能力，都不要在任何场合滔滔不绝地发表意见，不但你的老板不喜欢这么"嚣张"的人，同事们也都很讨厌这样的人。说得太多，只能证明一点，你想表现自己，把别人全当成了傻瓜和笨蛋。实际上，这是在自招祸患。所谓"言多必失"，就是这个道理。

做人做事黄金箴言

踏踏实实做好本职工作，不要越俎代庖。越位其实就是在让别人无路可走，当你让别人无路可走的时候，别人也会让你卷铺盖走人。

不要为虚名所累

戴维是一名上任不久的主管，某晚他匆忙地给人事部门打电话。上任以来，他的表现一直都很好，直至公司高层准备在他的部门中强制解雇一部分人，并要求他制定一个解雇名单。

正是这张解雇名单以及摆在桌面上亟须解决的问题，霎时惊醒了他："天啊！这可不是一张简简单单的名单，它关系到这些人的生计问题，我意念一转就会决定他们的命运。"倘若你承担不住如此重大的责任，那么它足以压得你无法喘息。

假如下周的星期一你就必须作出决定，你的团队中必须要有人离开，那又要谁离开呢？你必须要向自己非常信赖的职员作出解释，告诉他你知道他非常希望得到晋升，但是因为公司的财政压力问题，无法即刻满足他的要求，他暂时无法获得自己本应得到的东西。此外，你还必须要执行命令，全力拥护上层领导及董事会作出的决定，即便内心之中你有一万个不同意。在这一个月中，无论你其他工作做得有多漂亮，即便只犯下一个错误——不管这个错误有多小，那些成功的荣耀光环顿时就会变得黯淡无光，员工们定然会迅速抓住此事，在办公室中声情并茂地连续谈论数个小时。

作为一名管理者，现在你不但要拥有目标，而且还要担起责任，两者必须兼顾。曾经，有那么多员工支持你，而你只需要取悦一个上司。如今，与你同列的只有其他管理者，他们全部分散在其他部门，而且又有那么多高层领导需要你去取悦，却很少能够得到任何同事的支持。在领导层上，你的同事都是如你一般的管理者，因此即便再难也不会有什么人来支持你。

这就是主管工作的真实写照，一般人确实不适合这一职位，并且你一定已经注意到了，很少有人能够将这份工作做得很好。

你的职位越高，所从事的工作相对就会越困难，尤其是在今时今日收益差、预算紧张的公司比比皆是的情况下，这种现象更为明显。

对于刚刚晋升的职员和中层管理人员而言，他们初一上任就要面对众多挑战。这些挑战是一项针对晋升者的、痛苦的现实检查，它足以令大多数新任主管感到措手不及。不幸的是，每次晋升以后，随着地位的升高，你所受到的关注也就愈加强烈，由此而引发的负担甚至使那些准备相当充分的人，也感到大吃一惊。

也许有些人会作出如此的选择——外部升职，也就是跳槽到另一家公司获得更高职位。这样反而要比内部升迁更安全，也更容易，但是绝大多数人并不知道个中缘由。

跳槽到另一家公司后，人们一般都会更加理性地审视这一新职位。他们会将其视为一个巨大的工作变动，仔细考察成功的可能性，并会为自己的目标全力以赴。另外，因为身处新公司之中，与此前相比，可以说是在一个不同的企业文化背景下与不同的人打着交道，自然会以不同的方式看待这一切，感觉也就完全不同，这使得他们更容易应对升迁所带来的巨大变化。

然而，如果是内部晋升，人们因为急于升迁，在接受它之前并没有仔细加以审视，便匆忙披挂上阵。当他们登上新阶梯后，便极有可能因"阵营"和自己在公司内人际关系的改变而遭受排挤。

对此，我们要如同在新公司中从事新工作一般，看待每一次潜在的升职机遇。考虑一下处于该职位之上获得进一步成功的可能性有多少，仔细查看一下在此任职过的人们所留下的工作记录，调查清楚这个职位为什么会出现空缺，又有什么样的具体职责。最终，通过综合上述种种，再次确认自己究竟能否在这一职位上获得成功。

不要简单地认为自己升迁了，地位得到了提高，日子就会随之越来越好过。许多人都盲目地陷入升迁的激动之中，此后却发现事情完全不是自己想象中的样子，或是发现自己获得了一个不太可能走向成功的职位。到那时，一切为时已晚。

如果你遭遇了内部升迁，那么你需要谨慎地小心下面的陷阱：

1. 新职位会带来大风险

公司刚刚设立的职位也许将会是一个重大机遇，但也可能存在很大风险。此时此刻，你有机会可以按照自己的意愿在该职位上进行运作，完全没有包袱可言。不过，它的弊端是目标不够明确。对于这一职位上的成功，没有人拥有清晰的概念，这就意味着处于这一位置上，你有可能得不到足够的支持。

公司在设立某一职位时，有时并未考虑到该职位与其他领域如何合作，关系如何协调。同样，你也不清楚在此职位上能否获得成功，因此应谨慎地加以对待。某些时候，公司则会先通过内部升迁，派遣一些"先锋"对其进行"试运营"，待成功之后再对外公开——"公开选拔"。所以，对此我们不要只盯视着其存在机遇的一面，而要全面地看待这一问题，要时刻注意这一职位在公司中的动向如何。有些职位的设立，本身就是一个错误，根本不可能获得成功，这并不是利用策略及努力就可以改变的。

所以，为了避免踏入这一风险地带，你首先要确定自己愿意且有能力承担该职位上的所有一切，要清楚各方各面对于该职位的期许是什么，而这些期许又是否能实现？该职位是否拥有必要的资源支持它实现那些期望与要求？如果答案是否定的，那么，拒绝它。

2. 这个职位是"黑洞"

有些公司会设立这么一个职位将想要裁掉的职员推向这个"绞首架"。这些职位承担了过多的责任，受到各方各面的打击与制约，有时又会成为公司高层决策失误的替罪羊。

这些职位大部分需要依靠公司内部人士进行填充，因为他们很难从公司外寻找到合适人选。可以说外部晋升更容易发现这些缺陷，外部晋升者可以轻而易举地绕开这些职位。

如果一个职位更换任职者的频率极高；如果该职位的前任看上去压力颇大，整日郁郁寡欢；如果身处这一职位上，需要替公司的麻烦背黑锅，那么干脆拒绝它。

3. 容易得罪人的职位

了解一下自己能够承担的责任或压力与目标职位的压力程度是否相符。该职位是否需要管理员工？是否需要解雇员工？你所需管理的下属中有没有与自己特别熟悉或已经成为朋友的人？该职位对于你现有的关系、友谊及压力会产生怎样的影响，你是否已经做好了应对准备？成为朋友们的经理并不完全是一件好事，一旦踏入这个陷阱，很少有人能够安然抽身。

同时，对于高层领导必须要实施的"卑鄙勾当"，你又能够容忍多少？例如解雇某人或使某人"背黑锅"，等等。仔细思考一下，你所期望的又是不是自己真正想做的？

4. 向前任取经

在你决定是否接受任务前，要向你的前任认真请教一下关于工作日程安排、工作压力等方面的问题，并通过仔细观察，认真思考一下以下事项：他们真的快乐吗？他们确实喜欢这份工作吗？他们的工作任务与压力到底有多大？该职位的人员更替是否过于频繁？公司领导有无意见？

接近他们，并与他们进行交谈后，你会惊奇地发现自己学到了很多东西。他们很有可能会十分坦诚地回答你所提出的问题，而且在这一过程中，你还能够与他们建立良好的关系。

一旦你确定，此机遇定然会使你获得成功，且非常适合于你，那么接下来你所要做的，就是为参与其中做足准备。作为一名管理者，立于公司金字塔的上端，这与职员想象中的完全不同——绝对没有你想的那般好玩，但绝对要比你想象中的压力更大。

5. 建立新的职场关系

一旦升职后，你在职场中原有的关系必然会发生分化，自己应该平淡地去接受这一切。

当你升职以后，与同事间的关系会发生明显的变化。并不是每一个人都会为你的成功送上真心祝福或是感到欢欣鼓舞，大家都想获得成功，竞争激烈且残酷。也许，时常会有一些因妒嫉而生的矛盾出现。如果你没有做好迎接这一切的心理准备，这方面的考验对你而言将是致命的。

职位变动将使你与同事间的关系发生显著变化，对此你做好准备了吗？一夜之间，你就会由"己方"转为"敌方"。曾经对你非常友好的同事，此时会忽然对你十分冷淡，彼此间相互猜疑。他们非但不为你的成功欢呼，有些人反而在等着看笑话，甚至公开对你表示反对……

6. 没有回头路

大多数职员如此渴望晋升，但他们并没有意识到自己一旦走进去将没有回头路。记住，公司的等级阶梯永远是条单行线——一直向上。如果晋升之后发现那里并不是自己的所求，进而打算原路退回，可以残酷地告诉你——此前还没有这一先例，绝大多数人只关注薪水、声望，他们认为自己的职位越高，这些东西就会收获得越多。仔细地进行一下调查，尽可能对其做到全面了解，然后再确定自己是否真的希望得到这一职位。做好准备，一切都已经改变，经理、部长以及主管们薪水较为丰厚的原因是他们所承担的责任重得可怕，压力也非常之大。你的职位越高，工作就会越紧张，如果完全承担这些职责，那么你75%的思想、行动及精力就都要贡献给自己的工作和公司。诚然，你也许会挣到很多钱，也会极受他人尊敬，但是所需承担的职责却沉重至极，以至于所得到的那些光荣与金钱亦无法弥补自己的付出。

与今时今日你整日为周末同家人去哪里度假耗费脑细胞有所不同的是，成为领导以后，你也许会彻夜难眠，或是为一个棘手的雇员问题而辗转反侧，思前想后，寻找解决方法；又或在猜测董事会将怎样看待你的业务改善计划，这一职位确实需要你全心投入。你的职位越高，要作出的决策难度就会越大。在主管这一位置上，你的普通决定亦会影响到别人的工作与生计。

做人做事黄金箴言

职位越高所担负的责任也就越多，一定要小心内部升迁带来的陷阱。

踩着别人会摔倒

吴飞和阿桑两个人在一家公司工作，平时关系相处得很不错。年终，公司搞推广策划评比，每个人都可以拿方案，优胜者有奖。吴飞觉得这是一个好机会。经过半个月的深入调研，加上平时对市场工作的观察思考，吴飞很快作出了一个非常出色的策划案。方案征集截止日的最后一天，阿桑突然叹了一口气说："哎，飞飞，我还真有点紧张，心里没底啊。你帮我看看方案，提提意见。"吴飞连想都没想就答应了。

阿桑的策划很是一般，没有什么创意，吴飞看完没好意思说什么。阿桑用探究的目光盯着吴飞，说："让我也看看你的方案吧。"吴飞心里一阵懊悔，可自己刚才看了人家的，现在没有理由不让别人看。好在明天就要开大会了，她想改也来不及了。

第二天开会，阿桑因为资历老，按次序先发言，阿桑讲述的方案跟吴飞的方案一模一样，在讲解时，她对老板说："很遗憾，我现在只能讲述自己的口头方案，电脑染了病毒，文件被毁了，我会尽快整理出书面材料。"吴飞听了目瞪口呆，他没想到阿桑抢自己的功劳，他不敢把自己的方案交上去，也不敢申诉，因为他资历浅，怕老板不相信自己。最后，自命清高和倍感委屈的他伤心地离开了这家公司。

阿桑的方案获得老板的认可，因为方案不是她自己的，有些细节不清楚，在执行方案时出了一点漏洞，又无法及时修正，结果失败。后来老板得知她是抢了别人的方案后，无情地炒了她的鱿鱼。

在竞争激烈的工作环境中，有些人喜欢把别人的功劳占为己有。这样的人，不去创造业绩，而是偷偷地去占有别人的功劳，到最后只能是既损人又不利己。

不是你的功劳，就不要去抢，不管别人知道也好，不知道也好，抢别人的功劳总不是成功的捷径。世上没有不透风的墙，一旦你抢别人功劳的事情真相大白时，你将会无脸见人，不仅被抢者会成为你的敌人，而且你还会失去他人对你的尊重，可谓是得不偿失。只有自己亲手创造的功劳才是自己的财富，别人的东西终归是别人的。要想真金不怕火炼，在职场中获得真正的认可，就要凭自己的真本事去创造，投机取巧的做法终究会害人害己。因此不要去做夺取他人的功劳又自毁前程的傻事。

不仅不要去抢夺功劳，有时候，你还要同他人分享功劳。职场中没有他人的合作，你是不会如此顺利获得成功的，每一个人成功的背后肯定会有很多人为之付出和努力。

职场的黄金原则就是要与同事合作，有福同享，有难同当。当你在职场上小有成就时，当然值得庆幸。但是你要明白：如果这一成绩的取得是集体的功劳，离不开同事的帮助，你不能独占功劳，否则其他同事会觉得你抢夺了他们的功劳。

李维是一家出版社的编辑，并担任该社下属的一个杂志的主编。平时在单位里上上下下关系都不错，而且他还很有才气，工作之余经常写点东西。有一次，他主编的杂志在一次评选中获了大奖，他感到荣耀无比，逢人便提自己的努力与成就，同事们当然也向他祝贺。但过了一个月，他却失去了往日的笑容。他发现单位同事，包括他的上司和属下，似乎都在有意无意地和他过意不去，并处处回避他，他不知道他们都是怎么了。

其实很简单，他犯了"独享荣耀"的错误。就事论事，这份杂志之所以能得奖，主编的贡献当然很大，但这也离不开其他人的努力，其他人也应该分享这份荣誉，而现在自己"独享荣耀"，当然会使其他的同事内心不舒服。这不是故作谦虚地让大家分享功劳，这确实是事实，如果没有大家的合作，就凭自己的努力真的能够成功么？踩着别人的肩膀，却忘记感恩的人注定要摔跤。

虽然上帝给了我们两只手一张嘴，但人们还是喜欢用嘴而不喜欢动手。无论在何时何地，我们总能看到一些高谈阔论的人。他们总是炫耀自己的才能多么的出众，如果能按他说的计划实行，必然能成就一番大事。这些人滔滔不绝，在自己空想的领域里如痴如醉。然而，在旁人看来，那是多么的可笑和愚蠢啊。

所以，当你在职场上有特殊表现而受到肯定时，一定不能独享荣誉，否则这份荣耀会为你的职场关系带来危险。当你获得荣誉后，应该学会与其他同事分享，正确对待荣誉的方法是：与他人分享、感谢他人、谦虚谨慎。

在职业生涯中，最圆滑的处世之道就是当你的工作和事业有了成就时，千万记得不要独自享受。要让自己拥有团队意识，摒弃"自视清高"的作风，换之"众人拾柴火焰高"的职业意识。只要注意到这一点，你获得的荣耀就会助你更上一层楼，你的人际关系也将更进一步。

如果大方地和同事分享功劳，一方面可以做个顺水人情，另一方面上司也会认为你很懂得搞好人际关系，而给你更高的评价。可是卖这份人情的手法必须做得干净利落，不可矫揉造作，更不可对同事抱着"施恩"的态度，或希望下次有机会讨回这份人情。所谓放长线、钓大鱼，将目光放远才是上策。

工作中要与同事合作，有福同享，有难同当。偷偷占有别人的功劳，既损人又不利己。

办公室语言的迷魂阵

同样的话语，不同的表达方式，所产生的结果也会迥然不同。那么，在办公室里同事之间的交往过程中说话要注意哪些事项呢？

1. 办公室里有话好好说，切忌在同事交谈中寻找辩论的乐趣

在办公室里与人相处要友善，说话态度要和气，要让人觉得有亲切感，即使是有了一定的级别，也不能用命令的口吻与别人说话。说话时，更不能用手指着对方，这样会让人觉得没有礼貌，让人有受到侮辱的感觉。虽然有时候大家的意见不能够统一，但是有意见可以保留。对于那些原则性并不很强的问题，有没有必要争得你死我活呢？的确，有些人的口才很好，如果你要发挥自己的辩才的话，可以用在与客户的谈判上。如果一味好辩逞强，会让同事们敬而远之，久而久之，你不知不觉就成了不受欢迎的人。

2. 不要跟在别人身后人云亦云，要学会发出自己的声音

老板赏识那些有自己头脑和主见的职员。如果你经常只是别人说什么你也说什么的话，那么你在办公室里就很容易被忽视了，你在办公室里的地位也不会很高了。有自己的头脑，不管你在公司的职位如何，你都应该发出自己的声音，应该敢于说出自己的想法。

3. 不要在办公室里当众炫耀自己，不要做骄傲的孔雀

如果自己的专业技术过硬，如果你是办公室里的红人，如果老板非常赏识你，这些就能够成为你炫耀的资本了吗？骄傲使人落后，谦虚使人进步。再有能耐，在职场生涯中也应该小心谨慎，强中更有强中手，倘若哪天来了个更加能干的员工，那你一定马上成为别人的笑料。倘若哪天老板额外给了你一笔奖金，你就更不能在办公室里炫耀了，别人在一边恭喜你的同时，一边也在嫉恨你呢！

4. 办公室是工作的地方，不是互诉心事的场所

我们身边总有这样一些人，她们特别爱侃，性子又特别直，喜欢和别人倾吐苦水。虽然这样的交谈能够很快拉近人与人之间的距离，使你们之间很快变得友善、亲切起来，但心理学家调查研究后发现，事实上，只有1%的人能够严守秘密。所以，当你的生活出现个人危机，如失恋、婚变之类，最好还是不要在办公室里随便找人倾诉；当你的工作出现危机，如工作上不顺利，对老板、同事有意见和看法，你更不应该在办公室里向人袒露胸襟。任何一个成熟的职场人士都不会这样"直率"的。自己的生活或工作有了问题，应该尽量避免在工作的场所里议论，不妨下班后找几个知心朋友好好聊聊。

说话要分场合，要看"人头"，要有分寸，最关键的是要得体。不卑不亢的说话态度，优雅的肢体语言，活泼俏皮的幽默语言……这些都属于语言的艺术。当然，拥有一份自信更为重要。懂得语言的艺术，恰恰能够帮助你更加自信。娴熟地使用这些语言艺术，你的职场生涯会更成功！

做人做事黄金箴言

语言是一门艺术，说话要分场合，要看"人头"，要有分寸，最关键要得体。懂得语言的艺术，能够使你更加自信。

小心危机路标

明朝嘉靖年间，严嵩身为首辅把持朝政一手遮天。徐阶乃是一代名臣，最大的志向就是扳倒严嵩，取而代之。当徐阶进入内阁成为次辅后，与严嵩实际只差半级。如果以旁人的目光看，徐阶已经有了和严嵩扳手腕的实力。

但官场和职场一样，什么事情都不可以轻率尝试，因为一次失败，可能就会万劫不复。徐阶升任次辅后，对严嵩更加毕恭毕敬，简直比亲信还亲信，万事都由严嵩做主，什么时候都不违逆。整个明朝政坛上下，都指着徐阶脊梁骨骂他是严嵩的狗，可徐阶一意孤行，直至严嵩对他完全放心。这种日子，过去了许多年，徐阶离首辅位子只一步之遥，可他比任何时候都要收敛，都要小心细微。

直至嘉靖四十年，徐阶从千丝万缕的细节里，找到严嵩的致命弱点，终于突然袭击，将严嵩给彻底扳倒。而到此时，徐阶足足伺候了严嵩十多年，中间不知道经历多少险恶，受到多少指责，可谓卧薪尝胆。

那些一再戳徐阶脊梁骨，认为徐阶是卑躬小人的道德君子们，穷极一生也没动严嵩分毫，除了跳脚骂人外毫无贡献。偏偏是处处逢迎严嵩的徐阶，在最后时刻一举扳倒大奸臣，为国为民立下惊世奇功。

这个例子只是告诉我们，职场亦如官场，需要时时小心、处处提防。你不知道哪一天，什么时候你的把柄已经落入他人手中，成为断送你前途的致命弱点。同时，我们也看到了这么一点：高你半级是天然的敌人，而同级的人是必然的敌人。

如果你已经有一官半职，那对这句话一定感同深受。在中国的职场上，平级官员或者相差半级的干部肯定很多，因为这是各方势力角逐博弈的结果。怎么和等级相近的同事相处，成了一种危机术和生存术。而毫无疑问，等级越接近就越有危险。

因为高你半级的人会有危机感，怕你随时都可能与他们平起平坐，所以有机会他们就会打击你。而不管高半级还是一级，都是上司，他们给你穿小鞋就危险万分了。而同级的人是必然的敌人，只要你们的上司不是傻瓜，就一定会挑拨手下争斗，这是中国千百年来最有看头的"热点"。

1. 这危险的半级之距

相差半级的情况很多见，很多人升职后，与上司之间只相差半级，却并没有意识到危机来临。或许你升职的幅度并不大，但一切都改变了。你以前的靠山、关照着你的上司都转眼之间成为你的竞争对手。原因很简单，你和他之间，再没有缓冲地带了。

你再进一步，就能达到他的位子，这是迎面而来的危险，任何一个上司都会感觉到，绝大部分人的心态都会有变化。

一个上司愿意把你当成亲信，是由于你对他没有危险，而在职场上，只有距离差才能让危险减小。简单说，你和上司之间等级差的越远，你对他的威胁就越小，而这个等级差距，就可被认为是缓冲。上司跟你之间有很大等级差时，他愿意罩着你，保护你，并且给你资源，甚至拔擢你。可当你们只相差半级时，一切都变了，他不再信任你，不会再拔擢你，甚至会越来越讨厌你，乃至于暗中打击。当这时候，你已经是上司的竞争对手，他感到了恐惧。

而真正应该恐惧的却是你，因为半级是最小的差距，也是最危险的差距。你失去了从前的靠山和保护伞，反之上司变成了对手，而他还是掌握着实权的，随时都可以压制住你，如果稍不留心，就会被穿上小鞋。一旦你和上司之间就差半级的情形发生，应该怎么处理呢？

不妨学学徐阶忍气吞声的本领，只要你心存大志，又何必在乎这点眼前的荣辱呢？

2. 同级争斗，强者胜利

有人常会存有这样的疑惑，"上司怎么可以升了我又升他？"或者"上司怎么可以让我们并级？"而实际上你要明白，重要的并非问怎么可以，也不是问为什么。真正重要的是你怎么做。

事情已经发生，问怎么可以，背后指责上司根本于事无补，反而有可能被上司知道你态度后对你厌烦。同级并列的情形，在中国特别多，这几乎是一种必然的现象。

每个职场内，只要存在多个势力谱系，就一定会有斗争和妥协。而高层之间往往妥协多过斗争。而妥协的结果就是并级干部的存在。而毫无疑问的，同级并列的两个人，一定是天然死敌。因为你们就是被上司丢进斗兽场的角斗士，只有胜利者才能脱颖而出。

同级并列的处理方法，与第一条完全不同。这绝不是隐忍退让的时候，上司既然把你放在这个位子，那就是让你表现自己，如果你做不到，那就没有更进一步的价值了。同级之间只有胜出这一条路，否则就等着淘汰。

3. 上司挑拨的争斗

为什么职场内会有这么多纷争呢？其实绝大部分人都没有野心，他们不需要更高的职位，甚至不需要太多的钱。可偏偏是这些人，却相互撕咬在一起，让整个职场变成斗兽场。

也许对方并没有野心，但是他们的上司却有。在一个部门里，只需要两个野心勃勃的上司，就足够让几十人甚至上百个人争斗起来。这正如两国之间的战争，两国之间的国民间并没有冲突，然而首脑的不合或者野心却引发了战争。

正所谓"兴，百姓苦；亡，百姓苦"。一个没有自己的目标，而无辜地为上司去战斗的人，最后就只有白白牺牲的份。对每个人来说，被利用是必然的，而强弱的区别就是在被上司利用同时，你有没有同时利用上司。

这种喜欢挑拨争斗的上司相信，只有在竞争中，属下才可以创造更好的成绩，而同样也唯有斗争，才能令属下对自己越发的忠诚。

你明白了这些原理，就不会再去害怕上司所为，因为他们做的一切，实际都源自于心中的恐惧。当你恐惧上司时，上司也在恐惧着你。

4. 把握这一击致命的机会

要想吃掉上司也只有表现出非常的谦卑，态度必须隐忍、让功。用尽所有的才能来讨好上司，让他对你完全的放心。

扳倒上司的心越剧烈，就越不可以表现出来。你需要等，等待是漫长的，可也是有效的。任何一个人，都会在漫长的时间里露出破绽。但即使看到破绽也不要着急，小破绽对你毫无用处。你只有一次出手的机会，一旦失败就再无立锥之地。

所以你必须要等到真正的机会出现，到那时才可以出手。出手后就不要留余力，一定要打到底，不管是成是败，都必须一战而胜。

虽然并不是所有的职场都是如此险恶，但是了解自己的处境，防患于未然总归是件好事。只有及早做好心理准备才能面对危险时处乱不惊，行之有道。

做人做事黄金箴言

职场如官场，需要时时小心，处处提防。高你半级是天然的敌人，而同级的人是必然的敌人。要了解好自己的处境，防患于未然总归是件好事。

职场"冷暴力"

Sophia是一家杂志社的编辑，工作时间不到一年，就已经成了社里的精英。没过多久，她的优秀就成了一道屏障，同事们妒忌她，上级Hebe冷落她。Sophia个性直率，不谙世故，经常口无遮拦，让下Hebe不了台。就这样，她越来越感觉到上司的排挤，单位的一些重要会议，Hebe会借口让她管理其他事务，而不让她参加，甚至Sophia手上的一些采访任务，也逐渐被分派给了别人。不久前，她所做的一篇稿子出了一点小问题，结果被Hebe逮住了这个机会，将她晾在了一边。

　　大学刚刚毕业的小卿，成功应聘到了一家大型外资企业。可进去的第一天，原本兴高采烈的她，就笑不出来了。小卿发现公司里派系众多，有以年轻人为主的"少壮派"，也有已经有了小孩的"中年圈"。这两派看似和谐，却暗潮汹涌，时常处于冷战阶段。小卿不想加入任何一个"帮派"，因为她不想得罪任何一个人，就采取了中立态度。不过这种明哲保身的方法也没有见到什么效果，每天中午吃饭的时候，小卿都是形单影只。同事们兴致勃勃地聊天，她一句话也插不上……

　　显然，Sophia和小卿不约而同地遭遇了职场"冷暴力"。

　　"冷暴力"是暴力的一种，多表现为冷淡、轻视、放任、疏远、漠不关心，给人以精神上和心理上的伤害，说得严重点，就是一种精神虐待。它会以一种无法言说的压力将我们孤立起来，让人不寒而栗，形同坐牢。

　　一项研究结果表明，在办公室中受到类似贬低性评论、持续批评、资源垄断之类的"冷暴力"，对员工造成的危害很大：受过职场"冷暴力"的员工，会产生各种心理不适，如压抑、郁闷等，从而导致生理上的不适症状，如消化、免疫、代谢等功能受到损害。最终，他们会心理失衡，工作满意度会降低，会变得愤怒和忧虑，最终选择离职。

　　智联招聘曾经做过一次职场"冷暴力"调查，结果显示，有67%被调查的白领表示自己曾经遭遇过职场"冷暴力"，而这一暴力的主要实施者是自己的上司。而遭遇职场"冷暴力"后，只有16.9%的人表示会积极寻找解决办法，38.1%的受害者表示自己会整日郁闷，严重影响了工作积极性，20.9%的职场人则"以冷制冷，同样让对方陷入职场冷暴力"，近2成受害者则选择了黯然离职。

　　职场"冷暴力"真可谓是职场人的难言之隐。暴力的问题，可以到法院解决，但"冷暴力"的问题，法院是不会介入的，只能通过自身努力来解决。

　　职场"冷暴力"几乎每天都在上演。如果你正在遭遇职场"冷暴力"，你应该怎么做，才能化解它，避免自己的职业成长陷入困境呢？

1. 要正确对待"冷暴力"

如果你不幸遭遇了"冷暴力"，首先要做的是不要让矛盾进一步升级。不过，这不是说采取消极的回避态度，认为挺一挺就过去了，忍一忍就算了，这样是不能真正解决问题的。你应该在思想上正确看待这种压力，寻求多种变通方法，并且以积极的心态处理好工作中的伦理关系，学着发现别人的优点，舍得赞美别人。

2. 要增强自身"免疫力"

凡事不必太较真儿，你应该让自己更加豁达开朗、乐观幽默一些。这种个性可以很有效地帮助你解决问题，如果你把自己的情绪调节得像火一样，再冷的"冷暴力"也溶解了。当然了，如果你实在不堪忍受，换个地盘也没什么大不了，相比之下，让一时的"冷暴力"摧毁你的自信和前程，是一件划不来的事情。

3. 处理好人际关系

很多时候，职场"冷暴力"的根源是你不善于交际，人际关系紧张。反之，如果你能够跟同事和上司打成一片，处理好了人际关系，能够在很大程度上起到"防寒"的作用。

4. 换位思考

遇到"冷暴力"，不要"钻牛角尖"，说不定这只是别人在用一种比较冷淡处理的方式，来提醒你有地方需要改进，希望你能够自己"悟"出来。与其埋怨自己被冷落，不如扪心自问，自己是否有做的不妥的地方，"有则改之，无则加勉"。

5. 勤沟通，多联络，共分享

如果大家总是抱着"鸡犬之声相闻，老死不相往来"的想法，办公室一定会变成冰窖，到处都是"冷暴力"。你应该把自己的想法大胆地说出来，主动一点和上司、同事们沟通、交流，让你的同事和你一起受到上司的褒奖，彼此之间没有障碍了，相处融洽了，谁还会把你排除出去，给你"小鞋"穿呢？久而久之，大家都会愿意与你合作。

　　职场"冷暴力"是职场人士的难言之隐，是危害职场人士身心健康的一大杀手。我们要采取积极的态度和方式对待，给自己的职业生涯加把力。

警惕情绪成"暗器"

　　办公室里新来了一位新的女秘书，长的很漂亮，还操着一口流利的普通话，一看就是有运气的职场新鲜人，在今年毕业生多、职位少的情况下，进了这家已经有日子没有补充新鲜血液的机关单位。

　　这位秘书叫阿尼，性格活泼，见到公司里的老员工们个个尊称"老师"，手脚也很勤快，唯一的问题就是电话多，而且性格爽朗的她接电话的嗓门很响，没多久，公司的同事们对她的身家背景就有了详细的了解。

　　"阿姨，今天我不回来吃饭了，小张让我去他的单位等他，我们一起吃晚饭。"这是她和男朋友的妈妈在通电话，由此公司得知了她的男朋友姓张，而外地来的她住在男朋友的家里。这下子，单位里原先对她很有好感蠢蠢欲动的小伙子，便立刻失去了激情。

　　"你开会开完了，我们叶主任碰到你啦，是吗？她夸奖我了吗？"这是她和男朋友通电话。"怪不得她可以顺利进到我们单位，原来那位张先生是我们主管部门某个重要科室的小领导，跟我们单位的领导关系很好，女朋友毕业了没有工作方向，便安插进了我们单位。"从此以后，她热情地要帮同事们打字并整理资料的时候，他们再也不敢差遣她了。她可不是一般的新"学徒"，听她上一个电话的口气，国庆节就要成领导夫人了，哪一天成为他们的领导还说不定呢。

一天天的，找阿尼的电话依然热络地打进来，她还是没心没肺地现场直播她的生活情况。应该说，阿尼是个不讨厌的女孩，可是，她在电话里透露的信息，让同事们不敢与她太过接近。

那天，阿尼一个早上都没来，邻近中午的时候，她才沉着脸走进来。管人事的老李喊住了她："阿尼，下次家里有事要请假。"阿尼正要解释，电话铃响了，公司同事们又听见这样的对白："你不要打电话来了好吗，我说了回去再说，我跟他没有什么！我在上班，刚刚已经挨批评了，好，你等着，我下来跟你说。"摔了电话，阿尼又冲向了电梯，把老李一个人撂在那里。

午饭后，阿尼回到了办公室，从她打电话的内容中，同事们了解了这场冲突："这个人有毛病，我就是跟我同学出去看了一场电影，光明正大的，他就问东问西，还打电话到单位里来，影响我上班，你说无聊吧，害我的脸都丢光了……"整整一个小时，阿尼一直在直播着她的愤怒，而同事们只好沉默，并借故离开办公室。听见别人的隐私现场直播，实在不是什么有趣的事。

办公室是一个单位或公司树状结构化分的最小单元，这个单元共分三个元素，即在这个单元里工作的人、与之相关的公务和为之服务的办公用品构成。而单元里工作着的人是其中最重要的一种元素，每天有很大一部分时间要在这里度过。

既然是工作，就要处理很多事情，而附属于其中的人际关系也是不容小觑的，每个人都希望自己能在一个融洽和谐的环境下工作，人际关系处理得好与不好，会直接影响你的办公室情绪指数。

零星的冲突与偶尔的擦枪走火，在办公室里根本不是什么稀奇的画面，通常都是音调提高一点，讲不下去就立刻解散，顶多事后遇到"同阵营"的人，再大肆批评数落一番而已，大家顾及每天都得碰面，总要避免把场面搞得太尴尬。但是，有些不懂事而又自控能力差的人，却喜欢把自己的私人情绪带进办公室，影响到大伙。别小看一点小情绪，往往闹得整个办公室鸡犬不宁。

因此，千万不要把自己的私事带到办公室里，这是起码的职业素质，不过往往有些人喜欢带到办公室来，特别是职场新人，欠缺这样的经验，可能会对自己今后的发展有着不良的影响，许多资深的从业人员也喜欢在工作场合讨论自己家里的琐事，这实在是职场大忌。

其实情绪也跟感冒一样，容易传染，尤其是大家都栖身在同一屋檐下的时候。有个名词叫做"不良情绪传染综合征"，这是一种轻微的心理障碍。别以为这个离自己很远。被领导批评或是被同事议论后，很多人一整天心情不爽，请注意，这时的你很可能就被传染了不良情绪。而有些人自己心情不好，对待同事时也没有好脸色，这时候就充当起了传播者的角色。

有一位经理，一大早起床，发现上班时间快到了，便急匆匆地开了车往公司急奔。一路上，为了赶时间，这位经理连闯了几个红灯，终于在一个路口被警察拦了下来，给他开了罚单。

这样一来，上班更是要迟到了。到了办公室之后，这位经理犹如吃了火药一般，看到桌上放着几封昨天下班前便已交代秘书寄出的信件，经理更是生气，把秘书叫了进来，劈头就是一阵痛骂。

秘书被骂得颇有莫名其妙的感觉，拿着未寄出的信件，走到总机小姐的座位，也是一顿狠批。秘书责怪总机小姐，昨天没有提醒她寄信。

总机小姐被骂得心情恶劣之至，便找来公司内职位低的清洁工，借题发挥，没头没脑地又是一连串声色俱厉的指责。

清洁工底下，没有人可以再骂下去，她只得憋着一肚子闷气。下班回家后，清洁工见到读小学的儿子趴在地上看电视，衣服、书包、零食丢得满地都是，当下逮住机会，便把儿子"修理"了一顿。

儿子电视看不成了，愤愤地回到自己的卧房，见到家里那只大懒猫正盘踞在房门口，儿子一时怨由心中起，立即狠狠地一脚，把猫儿踢得远远的……

也许在自己受到莫名的委屈的时候，他们都在想"我这又是招谁惹谁啦"，但是他们却仍旧把这种不良情绪传导出去，以至于推动着这种不良的情绪循环下去。

这都是情绪惹的祸。处于情绪低潮的人们，容易迁怒周遭所有的人、事、物，这是自然的。密歇根大学的一项调查表明，坐办公室的人们有3/10的时间会脾气古怪，爱发牢骚、易怒。而美国洛杉矶大学医学院的心理学家加利·斯梅尔长期研究发现，原来心情舒畅、开朗的人，若与一个整天愁眉苦脸、抑郁难解的人相处，不久也会变得情绪沮丧起来，一个人的敏感性和同情心越强，越容易感染上坏的情绪，这种传染过程是在不知不觉中完成的。美国密歇根大学心理学教授詹姆斯·科因的研究证明，低落情绪传染只需20分钟。

心理专家指出，办公室内如果存在不良情绪传染病，有时候要比环境污染更为严重，它会瓦解人们工作的积极性。解决不良情绪传染问题，首先还是要学会"宽心"。当人们看到某人脸色不好看时，则可推断此人目前正处于气头上，最好先回避一下，别在此刻"招惹"他。其次，积极地对事态加以重新估计，不要只看坏的一面，并提醒自己不要忘记其他方面取得的成就。积极的思维能使人在悲观中看到前途，化冷漠为热情，变焦虑为镇静。情绪不好时，不妨找个空闲时间，自我犒劳劳一番，如去饭馆美餐一顿或去逛逛商店；如时间允许，还可以进行一次短时期旅行。

做人做事黄金箴言

千万不要把私事带到办公室，谨防干扰到正常工作。情绪和感冒一样，容易传染，尤其是不良情绪。要杜绝不良情绪的携带和传染，减少不必要的麻烦。

消极是"职场杀手"

正如约翰·弥尔顿所写的那样："你的心态能让地狱变为天堂，也能让天堂变为地狱。"心理学研究表明，当人们思维方式不同时，他们的感受和行为也不相同。积极的人，会从每一次忧患中看到机会，消极的人，则会把每个机会都看成一种忧患。积极乐观的态度，总是能催人奋进，悲观失望的想法，总是让人陷入困境。用积极的态度控制你的思维，你就能够掌控自己的一切。

事实就是这样，不管你愿不愿意，你的思想就是你的行为的导航仪，指引着你的前进方向。如果你经常这样想："一切都和我计划的不一样"、"我绝对不可能在最后期限前完成"、"我总是会把事情弄得像一团乱麻"……那么，你必然变得忧郁，最终迎接你的只有失败。因为这些自我贬低的心理暗示，会打击你的自信，摧毁你的乐观，永远不会给你支持、帮助和鼓励。如果你不想被这些消极的思想"谋杀"，不妨看看下面这些建议，当你养成了积极思考的习惯，记住最好的自己，朝着想成为的那个"自己"前进，你就会一点点拉近和目标之间的距离。

1. 积极地自我暗示

有些人总是在感慨"我不过是个白领罢了"、"我只是个销售员而已"、"我才是一家公司的小老板"，实际上，这些人都没有意识到，总是把"不过"、"只是"、"罢了"、"而已"这样词挂在嘴边，并不只是在埋怨自己的工作环境，而是在贬低自己的工作，在贬低你自己。这样的人，我们常见，比较少见的是在他们之中有人会取得什么好成绩。

如果你把这些消极的词汇丢进垃圾桶，远离它们，你就相当于远离了自我伤害。这时候，就变成了"我是个白领"、"我是个销售员"、"我是小老板"，言语中藏着自信，充满肯定，自然就不会觉得消极了，人也跟着精神了，工作时也就充满干劲。

有一种积极的自我暗示的方式，就是自我庆幸。当你遇到不幸与挫折时，不要老是愁眉苦脸、灰心丧气的，而应该高兴地想："事情原本可能会更糟呢。"凡事想着更好的方面想，坏事也会变成好事。

2. 扼杀消极念头

在一条昏暗、偏僻的乡间小道上，一个推销员的汽车爆胎了。他想换上备胎，可发现没有带千斤顶。这时，他看见路边不远的地方有一家农舍亮着灯。他大喜，马上向农舍走去。可是很快，他就思绪翻滚起来：如果人家不给我开门怎么办？如果他们家没有千斤顶怎么办？即使那个家伙有千斤顶，他不借给我，又怎么办？他越想越焦虑不安。当农民打开门的时候，他直接给了对方一拳，吼叫道："把你那破千斤顶收起来！"

这就是典型的"自我挫败主义者"的作风。看了这个故事，你一定会哈哈一笑。不过笑过之后，我们应该明白一点：在消极念头出现的时候，一定要及时"刹车"，大声命令自己"stop"，让自己坚定的决心和顽强的意志，压倒内心的恐慌。

3. 有了消极情绪要及时宣泄

有了不良情绪，最简单的方法就是发泄，一定不能把不良情绪压下去、藏起来，因为不良情绪积压久了，有可能导致抑郁。

当你受到挫折后或心里郁闷的时候，你可以到野外或在不妨害别人的场所大喊大唱、大笑大哭，如果你为了顾及自身形象，还可以找一些事物作为发泄对象。比如，在日本，有一些心理咨询机构，会用布做成各种各样的人，当有些心怀不满的人来咨询时，心理医生就让他们把那些布人当成自己不满的对象，拳脚相加。

4. 情绪转移

转移的意思就是把自己的注意力转移到其他方面。你可以心中只想着那些让你高兴的事，或者一条条列在纸上，并且反复想象，让自己沉浸在愉快的情景中，这样便会乐以忘忧，穿过黎明前的黑暗，看到初升的太阳。

如果一件事情一直萦绕在心头，已经影响到了自己的情绪，不如暂且把它丢在一边，做那些你喜欢的事情，比如听听音乐、打打牌、散散步。

有些人心烦的时候，喜欢买醉，希望"一醉解千愁"，这种方式非但不能解愁，只能"借酒消愁愁更愁"。而且醉酒只会伤身，别无它益。与其如此，不如索性倒头睡上一觉，用充足的睡眠，换回振奋的精神状态。

消极的心态会让你从天堂到地狱，是一种慢性自杀。养成积极思考的习惯，记住最好的自己，朝着想成为的那个"自己"前进，你就会一点点拉近和目标之间的距离。

不要为自己的失误辩解

常言道："智者千虑，必有一失。"一个人再聪明、再能干，也总有失败犯错误的时候。出现了失误，当务之急是什么？是急于解释失误的原因，说这些不是自己的错，还是赶紧弥补失误，亡羊补牢，将事情引向成功？

我们都知道正确的答案是后者，可是在实际工作中，很多人总是喜欢一再地解释，喜欢为自己的失误做辩解。我们知道，其实这时的解释往往是苍白无力的。

一个人做错了一件事，最好的办法就是老老实实认错，而不是去为自己辩护和开脱。日本著名的首相伊藤博文的人生座右铭就是"永不向人讲'因为'"。可以说，这不仅是一种做人的美德，而且也是一种为人处世、办事做事的最高学问。

有些人在工作中出现错误时，就会找出一大堆理由来为自己辩解，并且说起来振振有词、头头是道。他们认为这样就能把自己的错误掩盖，把责任推个干干净净，但事实并非如此。也许老板会原谅你一次，但他心中一定会感到不快，对你产生不好的印象。你为自己辩护、开脱，不但不能改善现状，而且有时所产生的负面影响还会让情况更加恶化。

有一个毕业于名牌大学的工程师，有学识、有经验，但犯错后总是喜欢自我辩解。当工程师刚应聘到一家工厂时，厂长对他很信赖，事事让他放手去干。结果，发生了很多错误，而且有些明显是由于工程师的失误造成的，可工程师总有一条或数条理由为自己辩解，就是不愿意勇敢地承认自己的错误。因为厂长并不懂技术，常被工程师驳得无言以对、理屈词穷。最后，厂长无法忍受工程师的这种不负责任的态度，只好让他卷铺盖走人。

能勇敢地承认自己的错误，坦诚地面对它，不仅能弥补错误所带来的不良结果，而且还能让自己在今后的工作中更加谨慎行事，同时别人也会很痛快地原谅你的错误。

有些人认为承认错误有失自尊，面子上过不去，害怕承担责任，害怕受惩罚。其实与这些想象恰恰相反的是，勇于承认错误，你给人的印象不但不会受到损失，反而会使人尊敬你、信任你，你在别人心目中的形象反而会高大起来。

李强是一家商贸公司的市场部经理。在他任职期间，曾犯了一个错误，他没经过仔细调查研究，就批复了一个职员为北京某公司生产5万部高档相机的报告。然而等产品生产出来准备报关时，公司才知道那个职员早已被"猎头"公司挖走了，那批货如果运到北京，就会无影无踪，货款自然也会打水漂。

李强一时想不出补救对策，一个人在办公室里焦虑不安。这时老板走了进来，见他的脸色非常难看，就想问他是怎么回事。还没等老板开口，李强就立刻坦诚地向他讲述了一切，并主动认错："这是我的失误，我一定会尽最大努力挽回损失。"

老板被李强的坦诚和勇于负责的勇气打动了，答应了他的请求，并拨出一笔款让他到北京去考察一番。经过积极地努力，李强联系好了另一家客户。一个月后，这批照相机以比那个职员在报告上写的还高的价格转让了出去。李强最终得到了老板的嘉奖。

正如松下幸之助所说的："偶尔犯了错误无可厚非，但从对待错误的态度上，我们可以看清楚一个人的责任感。"的确，只有那些能够正确认识自己

小公司做事

的错误，并及时改正错误以补救的人才是组织中最受欢迎的人。

陈明和张成新到一家速递公司，被分为工作搭档，他们工作一直都很认真努力。老板对他们很满意，然而一件事却改变了两个人的命运。一次，陈明和张成负责把一件大宗邮件送到码头。这个邮件很贵重，是一个古董，老板反复叮嘱他们要小心。到了码头陈明把邮件递给张成的时候，张成却没接住，邮包掉在了地上，古董碎了。

老板对他俩进行了严厉的批评。"老板，这不是我的错，是陈明不小心弄坏的。"张成趁着陈明不注意，偷偷来到老板办公室对老板说。老板平静地说："谢谢你，张成，我知道了。"随后，老板把陈明叫到了办公室。"陈明，到底怎么回事？"陈明就把事情的原委告诉了老板，最后陈明说："这件事情是我的失职，我愿意承担责任。"

陈明和张成一直等待处理的结果。几天后，老板把陈明和张成叫到了办公室，对他俩说："其实，古董的主人已经看见了你俩在递接古董时的动作，他跟我说了他看见的事实。还有，我也看到了问题出现后你们两个人的反应。我决定，陈明留下继续工作，用你的努力来偿还公司的损失。张成，明天你不用来工作了。"

人们往往对于承认错误怀有恐惧感。因为承认错误往往会与接受惩罚相联系。人们通常愿意对那些运行良好的事情负责任，却不情愿对那些出了偏差的事情负责任。其实在面对错误时，我们也可以利用它们，要让人们看到你如何承担责任，如何从错误中吸取教训，应该说这样的人一定会被每一个人尊重。

做人做事黄金箴言

敢于认错是一种做人的美德，也是一种为人处世、办事做事的最高学问。勇于认错体现一个人的责任感，虚心改错的态度，更会赢得别人的尊重和信任。

不要忽视"小人物"

看一个人如何对待小人物，就知道他会不会成为大人物。

小人物的价值有多少？对于大人物而言，小人物不过是沙滩上的一粒沙，你永远都不会看出它的价值，除非它变成了珍珠；对于公司的老总来说，小人物不过是树上的一片绿叶，除非它是杨树上的枫叶，否则永远不会注意到它。

但是，真正聪明的人眼光长远，从不会轻视小人物。

哈里森在一家大公司做管理人员。在公司的产品遭遇退货、赔款而濒临倒闭，公司高层们急得团团转而束手无策时，是哈里森站了出来，提供了一份调查报告，找出了问题的症结。此举不仅一下子解决了公司的所有难题，还为公司赚了几百万。

因为工作出色，哈里森深受老总的器重，不久就成为全公司的一颗明星。凭借着自己的智慧和胆略，他又为公司的产品打开了国际市场，立下了汗马功劳，两年时间为公司赚回几千万的利润，成为公司举足轻重的人物。

就在哈里森踌躇满志，以为销售部经理一职非他莫属的时候，他却没有被提职。本来公司董事会是要提拔他为公司主管销售的副总经理，却由于在提名时遭到人事部的强烈反对而最终作罢，理由是他在公司的负面反应实在太大，比如，不懂人情世故，不和同事交往，骄傲自大……更要命的是，销售部有人列举出一件很失败的业务——那是一笔损失了几十万的大单，而这个损失几乎全是哈里森一手造成！

看到这些反对意见，尤其是那个失败的大单，董事会一致认为让哈里森进入公司的决策层显然不太适宜。销售部经理一职任命了别人，哈里森只好拱手交出由自己创建、自己培养成熟的国际市场。这令他非常痛苦和不解。

后来，一个同情他的朋友破解了他的迷惑。原来有一次，他出去为公司办理业务，急需一批汇款，在紧要关头却迟迟不见公司的汇票，业务活动"泡汤"。实际上这是一个出纳员给他穿了小鞋。因为，平时他对这个出纳员爱理不理，也就是说他从来没有把他放在眼里。

事实就是这样，小人物看似无足轻重，但他们要么成就你，要么就破坏你！他们可以帮你走向天堂，也一样能够把你送上地狱。

当你春风得意的时候，你一定要保持谦卑姿态，不要过于张扬，对待小人物要更加的和蔼，要知道，越是这个时候越是容易得罪小人物。他们往往在嫉妒心理的操纵下，情不自禁地捅你刀子。

当你才华暂时无法施展时，同样不要忽视小人物。因为他们可以通过种种方式接触到一流人物，而你如果能够在和他们的交往中保持一种良好关系，他们一有机会或许就会在大人物面前多说你几句好话。

一个小人物，在平常你不会发现他多重要，但是当你真正撞上南墙，再也无法回头的时候，你就会明白——原来，绿叶的后面可能是毒刺！不过，如果你懂得与这些小人物周旋，懂得尊重和重视他们的话，他们就会拼死命为你效劳。

如果你是个还算有点身份的人，可以说，越是小人物越会对你忠诚。他们都很想结识你这样的人，当你给他一点阳光的时候，他们就会全面灿烂，对你所交代下的事情执行到底，绝无懈怠！这个时候，你就会感叹——原来，在毫不起眼的沙子里面，可能埋有金子。

做人做事黄金箴言

小人物看似无足轻重，但他们要么成就你，要么破坏你！他们可以帮你走向天堂，也一样能够把你送上地狱。真正聪明的人眼光长远，从不会轻视小人物。